NCS 기반

Basic & Creative Up-Style

고경숙 · 윤복연 · 전현진 · 강정희
강은지 · 김미연 · 반효정 · 정지영

청구문화사

PREFACE

현재 한국의 미용분야는 과거의 단순 서비스직의 영역을 넘어 기존의 미용분야보다 세분화, 전문화 되고 있으며 이러한 시대적 흐름에 맞추어 전문적인 지식과 기술을 함께 요구한다. 특히 헤어미용분야는 창조성과 예술성, 조형성, 실용성을 기반으로 한 입체적 예술이며, 창의적인 디자인발상이 요구되는 분야이다. 즉, 얼굴의 형태, 모발의 길이, 개인의 체형 등 여러 가지의 상황에 맞추어 때와 장소에 어울리는 스타일을 구현해 낼 수 있어야 한다.

따라서 업스타일의 디자인은 내적요인과 외적요인을 분석하여야 하며 디자인요소와 디자인법칙을 습득하고 적용하여 각 개인의 장·단점을 보완하는 창의적인 디자인을 발휘 할 수 있는 능력을 필요로 한다.

이 책에서는 산업계에서 요구하는 직무능력 NCS 학습모듈에 맞게 업스타일을 하기위한 베이직 업스타일(1장, 2장, 3장)과 베이직 업스타일을 기본베이스로 하여 응용한 크리에이티브 업스타일(4장, 5장, 6장), 우리나라 옛 여인들의 고전머리(7장)로 구성하여 수록하였다. 또한 업스타일을 공부하는 이들에게 있어서 이론과 더불어 쉽게 익히고 응용할 수 있는 실기를 표현하고자 노력하였다.

미용을 전공으로 하는 많은 후학들에게 기초를 바탕으로 한, 보다 전문적이고 창의적으로 응용할 수 있는 업스타일을 제시함으로써 만족스런 교재로 자리매김할 수 있기를 기대한다. 끝으로 이 책을 발간하는데 많은 도움을 주신 청구문화사 이상태 사장님과 임직원 여러분께 진심으로 감사의 말씀을 드린다.

2018년 7월
저자일동

CONTENTS

Part 5 베이직·크리에이티브 업스타일의 실제

Chapter 10 매듭 기법

Chapter 11 말기 기법(롤링)

Chapter 12 겹치기 기법

Chapter 13 고리 기법

Part 6 크리에이티브 업스타일

Chapter 14 웨딩 업스타일

Chapter 15 파티 업스타일

Chapter 16 시뇽 업스타일

Part Ⅰ

업스타일의 개요

단원 소개

업스타일이란 '머리카락을 위로 치켜 올려 목선을 드러내는 머리 꾸밈새의 하나'라고 사전적으로 정의하고 있다. 일반적인 헤어스타일에 비해 업스타일은 비교적 숙련된 테크닉과 다양한 스타일을 요구하고 있으며, 얼굴의 형태, 때와 장소에 어울리는 의상디자인과의 조화도 생각해야하는 만큼, 작업자에게는 별도의 예술적 감각과 조형감각이 요구되기도 한다.

또한 업스타일은 그 시대의 사회적, 문화적인 배경을 바탕으로 변천과 발전을 거듭해오고 있다. 이 단원에서는 업스타일의 의미와 발달사를 이해하며 업스타일의 형성 원리를 알아보도록 한다.

CHAPTER 01

업스타일의 정의

학/습/목/표

- 업스타일의 정의를 설명할 수 있다.

1. 업스타일이란?

업스타일은 여성의 긴 모발을 활동목적에 따라 편리하고 아름답게 표현하는 헤어스타일의 한 분야로 머리카락을 위로 치켜 올려 목덜미를 드러나게 하고 두부의 위쪽에 중점(point)을 둔 형식이라는 사전적 의미로 정의되어있는 바와 같이 옛 여성들은 생활에 불편함을 해소하기 위해 묶거나 또는 올렸다. 또한 신분적인 위치에 따라 모발을 이용한 머리 형태를 달리하였으며, 특히 올림머리의 높이와 장신구의 사용은 사회적인 지위를 알리는 수단이기도 하였다. 로코코 시대에는 머리의 높이가 높을수록 귀족적이라고 생각하였고 머리 장식 재료의 사용과 머리 형태에 따라 아름다운 화원, 사랑의 끈, 달, 별 등으로 머리에 명칭을 부여하기도 하였다. 이후 현대에 와서는 아름다움을 표현하는 한 장르로 우아하고 여성스럽게 디자인하여 개인의 이미지 및 목적과 장소와 시대의 흐름에 부합되도록 표현하고 있다.

업스타일은 모발의 길이가 긴 경우에 다소 손쉽게 스타일을 표현할 수 있으며, 모발의 길이가 짧은 경우에도 헤어피스(hair piece)를 사용하여 연출할 수 있어 모발 길이와 관계없이 디자인의 구상에 따른 구형, 편구형, 장구형 등의 머리 형태인 업스타일 느낌을 줄 수 있다. 대칭과 비대칭적인 구도를 활용하여 다양한 스타일로 표현할 수 있는 업스타일은 디자이너 개개인의 노력과 역량으로 고객의 욕구를 충족시킴과 동시에 아름답고 우아한 스타일을 연출할 수 있다.

업스타일을 아름답게 표현하기 위해서는 과학적인 방법으로 형태를 갖추고 개념적이며 체계적이어야 한다. 그렇지 못할 경우에는 아름다움을 표현하고 느끼는데 어려움이 따를 수 있다.

따라서 업스타일은 일정한 규칙과 법칙, 기교에 의거하는 미적예술(fine art)이며 디자이너가 미적 비례에 따라 얼굴형과 두상형태, 즉 각 부분의 크기와 상호 비례가 완벽하게 조화롭게 될 때 아름다운 업스타일이 되며 표현의 방법은 다양하다. 반복된 기법의 표현, 비율적인 표현, 얼굴 형태에 따른 표현, 방향성의 표현, 색채를 포함한 구성 등으로 업스타일은 목적과 개념에 따라서 조화롭게 하는 응용예술이다.

CHAPTER 02
업스타일의 역사

학/습/목/표

- 우리나라 업스타일의 역사를 시대적 배경과 연결 지어 설명할 수 있다.
- 서양 업스타일의 역사를 시대적 배경과 연결 지어 설명할 수 있다.

1. 우리나라 업스타일의 역사

1) 조선시대

(1) 역사적 배경

조선왕조는 숭유정책과 함께 경국대전의 법적 체계를 완성하기 위해 가부장적 윤리사상을 중심으로 삼강오륜에 따른 행실이나 충효, 가례를 통해 군주에 대한 맹목적 충성과 가부장 제도의 요체를 마련케 했었다. 성종대에 완성, 반포된 경국대전은 전형적인 문치주의를 표방하고자 백성을 중인화 또는 서민화시킨 반면 예술인을 법적으로 천민화하여 신분의 차별을 정착시켰다.

(2) 머리 모양

조선시대의 신분은 양반과 평민이라는 이중구조와 함께 머리모양 또한 구분되었으며, 이때 반가의 규수들은 귀밑머리로 귀를 가렸으나 서민들은 귀를 가리지 않고, 혼인 전날 관례에는 모발을 후두부에 둥글게 틀어 환을 지어 비녀를 꽂은 쪽진(낭자)머리형을 하였다. 이때 신부의 모발을 틀어 후두 목덜미 중앙에 얹어주는 수모(首母)의 손을 복수(福手)라 하였으며, 이 수모는 신부의 친구나 친척 중에서 신중을 기하여 선택하는 것이 당시의 풍속으로서 오늘날 미용사의 전신이 되기도 한다. 즉, 머리모양을 보았을 때 땋아서 늘어뜨렸는지 아니면 쪽진 낭자를 지었느냐에 따라 미혼과 기혼을 구분지었다.

쪽머리 I

① 쪽머리

쪽진 머리는 북계, 후계, 낭자머리라고도 하며 쪽은 결혼한 여자가 모발을 가지런히 빗어 후두부에 모아 땋은 후 목덜미 중앙에 둥글게 지어 비녀를 꽂은 머리모양이며 이마 가운데 가르마를 타고 땋은 다음 후두부에 한데 모아 검정끈(댕기)이나 자주댕기로 묶었으며 상(喪)시에는 흰색댕기로 묶었다.

② 새앙머리

새앙머리는 궁중에서의 여인들과 서민의 머리모양과는 조금 다르다. 궁녀의 새앙머리형은 모발을 후두부에서 묶은 후 두 갈래로 나누어 땋고 다리(달비)를 이용하여 한 쌍을 각각 땋아 가지런하게 묶고 모 다발 중간에 매개댕기로, 본래의 모발과 같이 매었으며 댕기의 색깔로서 계급을 나타내었다. 일반 규수도 내인으로 들어가면 궁중 제도에 맞춰 새앙머리를 해야 했다. 궁중 아기나인의 머리모양이며 양반가에서 정초나 동지에 규수들이 입궐 할 때 새앙머리를 하고 떨잠이나 봉, 나비 등이 조각된 뒤꽂이와 댕기 코에는 석웅황(石雄黃)으로 장식하였다.

새앙머리 I

어여머리 I

③ 어여머리

어여머리는 왕실이나 양반 집에서 예장 할 때 머리에 솜 족두리나 어염족두리를 쓰고 그 위애 가체를 돌려 얹은 후 옥판과 화잠으로 장식하고 비녀와 매개 댕기로 고정시켰다. 이 머리형태를 어유미라고도 한다.

④ 대수머리

대수머리는 궁중에서 대례를 행할 때 갖추는 가체로 제작된 다리형태의 하나로 주로 왕비의 대례복 차림에 행한 것으로 조선말에는 붉은 대례복을 입을 때 착용하였다. 이는 모발을 어깨 높이까지 곱게 빗어 내려진 양 끝에 봉이 조각된 비녀를 꽂았고, 뒤쪽은 모발을 두 갈래로 땋아 자주색 댕기를 늘이고 전두부에 떨잠과 봉 비녀로 장식하였다.

대수머리 I

얹은머리

가체

떨잠

⑤ 얹은머리

얹은머리는 성종 시대에 이르러 고계의 높이가 사방 1척이나 되었고, 이러한 경향은 연산군 시대를 지나 뒤이어 밀어닥친 1592년 임진왜란(선조25년), 1636년 병자호란(인조14년)을 겪으면서 더욱 사치스러워 졌다.

여인들은 질 좋은 다리로 땋은 가체를 틀어서 머리를 감싸듯이 얹은 머리모양을 하였으며 가체의 사용이 일반화되지 않아 의례나 명절 때에만 가체를 이용하였다. 가체는 원래 내명부와 외명부가 궁중 연회에 참석할 때와 왕비, 왕대비 등에게 문안드릴 때 반드시 갖추어야 하는 신분표식의 머리모양이었으나 궁 밖의 양반 부녀자는 물론 상민의 부녀자마저 가체를 하였다. 특히 신부는 가체를 미처 준비하지 못해 혼인을 수년씩 늦추었으며 장신구도 밀화, 석황, 금, 진주 등을 사용함으로서 사치 풍조는 사회적인 병폐를 유발시켰다.

⑥ 떠구지머리

어여머리 위에 장식된 떠구지머리는 어여머리에다 일곱 꼭지의 다리를 모양낸 나무재질로 된 떠구지를 후두부의 돌출부위로 세워 올림으로서 거대한 머리모양이 된다.

떠구지머리

⑦ 첩지머리

첩지머리는 머리장식에 쓰이는 첩지를 얹은 여자의 머리모양으로 계급의 표식이기도 하였다. 조선시대 왕비를 비롯한 내·외명부가 머리모양에 치장을 하기 위하여 장신구의 하나인 첩지를 사용하였으며 장식문양과 형태, 재료에 따라 신분을 나타내기도 하였다. 왕비는 도금으로 만든 봉첩지나 용첩지를 매었고 정경부인은 도금 개구리 첩지를, 상궁은 개구리 첩지를 사용했으며, 정부인은 두미(頭眉)만을 도금한 개구리 첩지를, 부모상이나 남편 상을 입었을 때 흑각 개구리 첩지를 맸다. 나이 어린 내인은 15세가 되면 궁 안에 신랑 없이 간단한 관례식을 치르고 그 날로부터 모발을 땋아서 쪽을 짓고 첩지를 매었다. 그 외의 경우에는 은 개구리 첩지로 통용되었다.

첩지머리는 첩지 좌우에 다리를 이용한 긴 모발을 부착시켜 모발에 고정되도록 만들어 사용하였다. 첩지를 가르마 가운데에 두고 양쪽으로 본인의 모발과 함께 땋아 후두부에서 한 다발로 함께 묶어 쪽을 지었다. 궁중 여인들은 항상 첩지를 부착하고 일반 여인들은 예장시에만 사용했다. 예장 때 화관이나 족두리가 흘러내리지 않도록 고정시키는 역할과 함께 궁중에서는 평시에도 첩지머리를 하고 있었으며 침실에 들 때만 풀어놓았다.

첩지머리

⑧ 트레머리

트레머리는 얹은머리에 가체를 사용하여 높고 풍성하게 올려진 머리 모양으로 고계와 비슷하다. 본 머리에 다래를 크고 탐스럽게 만들어서 머리에 얹고 댕기로 장식하여 아름답고 화려하게 표현한 머리 모양이라는 것을 알 수 있다.

⑨ 조짐머리

조짐머리는 다리 10꼭지로 틀어서 만든 가체로 쪽을 짖고 전두부 가리마에 첩지를 올려 첩지 끈과 연결시킨 조짐다리가 쪽진머리에 연결되어있다. 이는 반가부녀의 머리모양으로서 종친이나 양반집의 부녀자들이 문안 차 입궐할 때 첩지와 더불어 쪽을 지었으며, 지밀상궁들은 아침에 침전에 올라갈 때는 어여머리에 족두리를 쓰고, 저녁 근무일 때는 조짐머리를 하였다.

트레머리

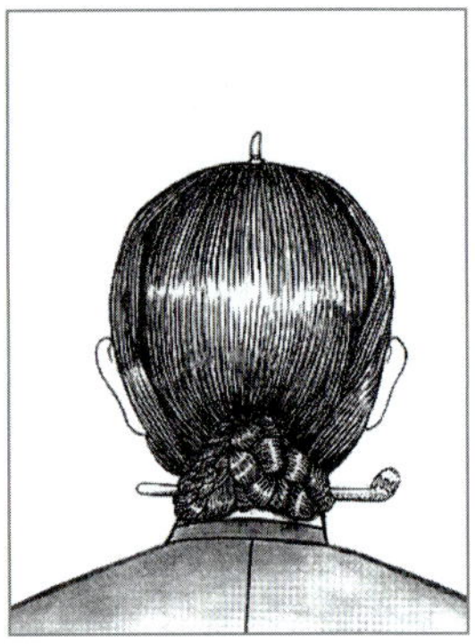

조짐머리

2) 근대

(1) 역사적 배경

19세기 후반, 세계 곳곳에서 식민지 쟁탈을 벌이던 서구 제국주의의 손길은 차츰 아시아 극동에까지 미치기 시작하였다. 중국, 일본 등 주변 나라들이 강제로 개항을 하게 됨으로 인해 조선도 외세의 침략 위기를 극복함과 동시에 안으로 봉건체제의 모순을 타파하는 자주적 근대화의 길을 모색해야만 하였으며 개화운동, 농민항쟁 등을 하게 되었다.

(2) 머리 모양

일본의 탄압이 더욱 심해지면서 차츰 여성들이 생활한복을 입게 되고 머리모양도 변화되었다. 개화기의 단발령의 영향으로 젊은 여성들이나 직업여성들 사이에서 확산되기 시작하여 일본에서 유학을 하고 돌아온 신여성들의 단발머리스타일은 여대생들 사이에 널리 퍼졌다. 이후 영화문화의 발전으로 배우들의 헤어스타일을 선호하게 되어 짧은 스타일과 퍼머스타일을 한 신여성의 헤어스타일이 계속 유행하였다.

단발머리 스타일 I

3) 현대

(1) 역사적 배경

1945년 8월 15일, 우리 민족은 일제의 식민통치에서 벗어났으나 미국과 소련이 남북을 분할 점령하여 우리 스스로의 힘으로 통일된 민족 독립 국가를 건설하는데 커다란 장애가 되었고, 1947년에 열린 제 2차 미소공동위원회의 실패로 남·북한에 서로 다른 정부가 수립되었다.

(2) 머리 모양

1960년은 자유당의 장기 집권에 의한 독재와 비민주적인 인권 탄압에 항거하여 고등학생부터 대학생, 교수, 지식인들까지 일어난 4.19의거와 이후 5.16군사 혁명 등의 사회적인 현상과는 달리 여성들의 헤어스타일은 새롭게 변하여 갔다. 크라운부위를 볼륨을 주어 높은 스타일을 연출하기 위해 백콤을 넣거나 헤어 싱을 넣어 그 시대의 유행에 뒤지지 않도록 아름답게 연출하였다. 1980년부터는 다양한 컬러와 굵은 웨이브가 유행을 하기 시작하여 현재는 대칭과 비대칭적인 다양한 업스타일과 자연스러운 형태의 업스타일이 유행하고 있다.

보충학습

삼국시대(고구려, 백제, 신라)와 고려시대 여성의 대표적인 머리형태

고구려 여성들의 머리형태는 전두부 쪽으로 틀어 감아 올린 얹은머리와 쪽머리를 하였으며 푼기명머리, 쌍상투머리, 채머리, 중발머리등의 다양한 머리형태가 있다.

백제의 기혼여성은 쌍상투머리와 쪽머리형태를 하였고 미혼여성들은 땋아서 내렸다. 신라는 가체기술이 뛰어났으며 금, 은, 진주 등을 소재로 다양한 머리꽂이를 만들어 사용하였다. 고려시대에 들어서는 미혼여성은 땋은머리, 기혼여성은 쪽진머리형태를 하였으며 족두리와 화관 등으로 장식하기도 하였다.

얹은머리

중발머리

쪽진머리

쌍환계

쌍계

2. 서양 업스타일의 역사

1) 고대 이집트(Egypt)

이집트인들은 뜨겁고 건조한 아열대성 기후인 나일강 유역에 많이 거주하였으며 기후에 적응할 수 있고 직사광선을 피하기 위해 남녀 모두 가발(wig)이나 머릿수건인 네메스를 사용했다. 가발 재료로는 린넨이나 종려나무 섬유를 사용하였으며 이후 울이나 사람의 머리카락으로 모자처럼 만들어 사용했다. 가발은 그물로 된 캡(cap)으로 머리와 캡 사이에 공간이 있어서 머리의 열이 발산되고 통풍이 되어 오히려 시원한 효과를 주었다. 가발은 검정색이 많고 진한 청색, 황금색으로 물들였다. 여자의 가발은 보통 남자 것 보다 길어서 어깨나 가슴 위까지 닿았고 땋는 방법, 가르마를 내는 위치와 묶는 방법과 장식품 등에 따라 다양한 모양이 있다. 남자들은 완전히 머리카락을 밀어내고 사용하였고 여자는 짧게 자른 머리 위에 사용하였다.

2) 고대 그리스(Greece)

후기의 그리스인들은 금발을 아름답게 여겼기 때문에 자연적인 모습 그대로에서 미를 표현하고자 하여 모발을 풀어내려 목에서 자유롭게 묶는 형태가 유행하였다. 후기에는 의상이 화려해지면서 머리치장에 관심이 많아져 모발을 깨끗이 하고 컬을 만들거나, 잿물로 모발을 표백한 후 노란 꽃을 으깬 물에 헹구어 황금색으로 착색하고 화려한 의상과 함께 모발을 뒤로 틀어 올려 그물이나 리본, 긴 밴드로 묶거나 머리쓰개를 쓰고 핀을 꽂는 머리모양을 하였다.

고대 그리스

3) 고대 로마(Rome)

로마인은 소박하고 정교한 아름다운 머리모양으로 그리스와 유사한 형태에서 시대의 흐름에 따라 다양하게 변화했다. 앞 가르마를 타고 양쪽 머리를 곱슬거리게 늘어뜨리거나 전체적으로 짧은 컬의 머리모양을 하였다. 이후 전두부에 작은 컬로 높게 하고 뒷 모발은 땋아서 늘어뜨리거나 위로 둥글게 말아 쌓아 올리고 리본과 진주, 보석 등의 장식품으로 치장하였다.

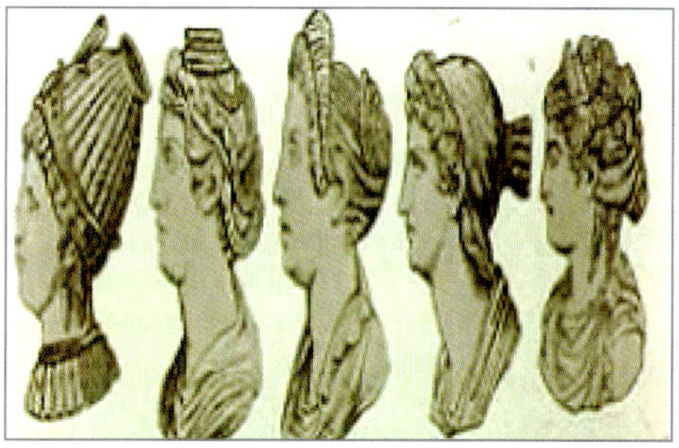

고대 로마 |

4) 중세

중세 초기의 여자 머리형은 남자와 같이 자연 그대로의 머리를 내려뜨리거나 양 옆으로 길게 땋아 내리는 형을 하였으며 귀부인들은 황금이나 가는 은, 밴드 등을 머리에 장식하였다. 중기로 들어서면서 상류층 여성들은 코이프(coif)를 착용하기 시작하였다. 이것은 어린아이의 모자와 같이 끈으로 턱에다 묶는 작은 모자이다.

여자들은 앞 가르마를 타고 모발을 두 가닥 또는 세 가닥으로 길게 땋거나, 모발과 리본을 함께 땋아 길게 늘어뜨렸다. 흰색 베일은 수녀와 미망인이 착용하였으며 일반 부녀(婦女)들은 외출시나 종교적 행사 때에만 사용을 하였는데 이를 윔플(wimple)이라 했다.

중세 말기에는 젊은 여자는 모발을 느슨히 늘어뜨렸으며 기혼 부인은 모발을 전부 위로 올린 후 밴드나 끈으로 묶거나 머리 중앙에서 가르마를 가르고 양쪽으로 땋아 둥글게 환(丸)을 지어 양 귀를 덮고 여기에 도크형의 관을 쓰거나 금, 은, 견사와 보석으로 장식한 그물망(net)을 덮어쓰기도 했다. 여자들은 교회에 들어 갈 때 베일 위에는 관을 써야 했으며 그렇지 못할 경우 출입이 금지되었다.

중세 |

5) 근세 르네상스시대

르네상스 시대 여자들의 머리모양과 머리장식은 빠르게 변화하였으며 이때부터는 앞이마를 드러내고 머리에 꼭 맞는 모자를 썼다. 모자를 쓰지 않을 경우에는, 양 옆 모발은 컬을 형성시키고 나머지 모발을 간단하게 뒤로 모아서 장식하기도 했다. 이시기에는 목을 강조한다던지, 얼굴형을 각지게 보이도록 하기 위해 덮는 게이블드 헤드드레스(gabled headdress)등을 사용하였으며, 이는 신체를 보완하는 작용이 커 다양한 색상의 모자와 베일 그리고 장식에 많은 변화가 있었다.

6) 근세 바로크시대

여성들의 머리모양은 칼라(collar) 둘레의 영향을 많이 받으며 다양하게 변화했다. 17세기 초에 대형 러프나 부채형 모양으로 세운 위스크 칼라의 유행으로 머리모양을 높게 하여 귀족적인 분위기를 나타내기 위해 헤어싱을 넣고 포마드로 굳혀서 높이 빗어 올린 후에 보석과 진주로 장식된 핀을 꽂았다. 이후 플랫칼라의 등장으로 높은 머리는 없어지고 자연스러운 컬을 어깨 위로 늘어뜨렸고 더욱 풍성하게 보이도록 머리 위에 리본 또는 새털로 장식을 하기도 하였다.

루이 14세 시대에 들어와서 유행한 귀족적인 의상에 어울리도록 탑 부분을 부풀게 하여 퐁탕주(fontange)라는 우아하고 기교적인 머리형을 하였다.

르네상스시대

근대 바로크시대

7) 근세 로코코시대

로코코 시대의 머리모양은 예술적이고 환상적으로 스타일을 연출하기도 했다. 18세기 초까지는 바로크 시대에 유행했던 퐁탕주(fontange)형을 많이 하였으나, 루이 14세 이후에는 머리카락을 부풀리지 않고 뒤로 빗어 넘긴 낮은 머리형을 하고 조화나 리본, 레이스 캡, 깃털 등의 섬세한 장식을 한 퐁파두르(pompadour)형이 유행하게 되었다. 1760년경이 되면서 여자 머리형이 점차 높아지고 그 위에 장식 등으로 높게 쌓았다. 헤어 디자이너 레오나드 오티에는 마리 앙투아네트의 머리모양을 고안하였고, 모든 여자들은 계급에 관계없이 여왕의 머리모양을 모방하여 그 크기가 상상을 초월할 정도의 거대한 높이와 장식을 하였다. 귀부인들은 약 10일 간, 중류계급의 여인들은 3개월 정도까지 빗지 않고 그대로 두었으므로 악취를 풍기게 되었고 가려움증을 해소하기 위해 머리 긁는 도구로 황금이나 상아로 만든 가늘고 긴 빗을 사용하여 머리를 긁었다.

이 시대의 미용사들은 주로 남자들이었고 파리에 학원을 세워 후진 양성을 하였으며 예술가로서의 자부심을 가지고 있었다. 1795년경부터는 궁중의 공식적인 행사에만 높은 머리형을 하였고 일상생활에는 간소한 복장으로 머리모양 또한 자연스럽게 꾸몄으며 일반인의 머리형이나 모자는 작아졌다.

로코코 시대

8) 근대

(1) 나폴레옹1세 시대(1789~1815)

이 시대에 여자들의 대표적인 머리형태는 고대풍으로 로마 황제 티투스(Titus)의 머리모양처럼 간단한 단발머리를 하였으며, 짧게 자른 머리에 컬을 형성시켜 밴드를 착용하기도 하였다. 중간 가르마를 타고 귀 아래쪽에서 컬을 하여 부풀린 상태의 머리모양을 하기도 하였고 앞머리는 자연스럽게 내리고 나머지 머리는 컬을 하여 올린 후 리본과 깃털로 장식된 챙이 넓은 모자 착용하였다.

(2) 왕정복고 시대(1815~1848)

이 시대는 귀족을 연상케 하는 상류사회의 생활 중심으로 귀족적인 화려함과 환상적이고 로맨틱한 분위기를 연출하려고 했다. 여성들은 중간 가르마를 타고 양옆으로 컬을 형성하여 귀 위쪽에서 부풀게 한 머리형과 컬을 한 모발의 일부는 두정부 쪽으로 올리고 나머지 모발은 귀 아래로 내려서 챙이 넓은 모자에 꽃, 깃털 등의 장식을 하고 착용하였다. 모자를 착용하거나 옆으로 또는 뒤로 젖히는 등 멋을 가하여 여성스러운 분위기를 연출하였다.

(3) 나폴레옹3세 시대(1848~1870)

나폴레옹 3세 시대의 여자들은 여성적인 머리형을 선호하여 앞이마에서 가운데 가르마를 타고 아이론을 사용하여 강한 컬을 형성시킨 모발을 양쪽으로 자연스럽게 늘어뜨렸다. 여기에 바볼레(bavolet)을 착용하였다. 이 시대에는 염색약과 탈색제를 사용하여 붉은 계열의 갈색머리를 만들고 머리색상, 의복색상과 조화를 이룰 수 있도록 리본, 새의 깃털 등으로 장식한 보닛을 착용하였다. 보닛(bonnet)의 크기는 예전보다 작아 머리형태를 볼 수 있게 되었다.

(4) 19세기말

19세기 말은 버슬스타일과 아르누보스타일로 컬을 형성시켜 뒤로 늘어뜨리거나 또는 굵게 땋아서 늘어뜨리거나 컬한 머리를 높게 올려 장식을 하였다. 19세기말 이전까지는 여성들의 사회진출이 필요하지 않았으나 기술적 혁신으로 산업이 발달하고 여성의 필요성이 대두되면서 여성들은 여성의 위치를 나타낼 수 있는 즉, 사회생활을 하기에 편리한 복장과 실용적인 헤어스타일을 하게 되었다.

9) 현대(1900 ~ 현재)

(1) 1900~1930년대

1900년대 초는 S-자형 실루엣과 느슨한 곡선 형태의 가르마 없이 자연스럽게 빗어 올린 퐁파두르 형(pompadour Style)이 유행하였으며 이 머리형태의 변형으로는 전두부 모발은 이마 위로 빗어올리고 뒷머리 모발은 뒤에서 올려 높이 고정시켰으며 랫이나 스위치(switch)와 인공 패드를 머리 속에 집어넣어 백코밍(back coming)으로 부풀리는 효과를 주었다. 그리고 패드나 시뇽은 이마 가까운 곳이나 두정부 혹은 목의 중간 높이나 낮은 곳에 다양하게 부착하여 장식하였다.

1910년대는 제 1차 세계대전이라는 시대적 배경 속에서 과학과 기술의 급격한 발전으로 기능주의가 대두되어 허식을 벗어나 단순함과 기능성을 추구하는 보브 스타일(bobbed Style)이라 불리는 짧은 단발머리가 출현하였다. 또한 이 당시 유행했던 모자는 챙이 넓고 깃털 장식을 한 커다란 모자 또는 크라운이 높고 챙이 좁은 모자, 토크형의 모자 등이 있었다. 랑벵(lanvin)의 헤어밴드, 글로쉐(cloche)모자, 부활절 모자, 터번 등과 함께 사용되었다. 또한 마샬 웨이브(marcel wave)가 일반적으로 사용되어 짧은 머리도 곱슬거리게 컬을 했다.

(2) 1940~1960년대

1940년대는 제 2차 세계대전으로 인해 머리형태는 더욱 간소해졌고, 모자는 장식용이 아닌 머리 보호용으로 착용했으며 모자 대신 스카프가 유행되었다. 전쟁이 끝난 후에는 크리스찬 디오르의 뉴룩(new look)패션으로 머리는 되도록 작아보이도록 두상에 딱 달라붙은 시뇽 스타일이 유행하였다.

1950년대 스커트의 길이가 무릎을 덮을 정도로 짧아짐에 모발은 두상에 꼭 붙게 시뇽을 하거나 어깨까지 내려온 모발의 끝을 안말음 한 페이지 보이 보브 스타일(page boy bob style)이 유행했으며 긴 모발을 뒤로 모아 고무줄이나 끈으로 묶는 포니 테일(pony tail)이 유행했다. 또한 이마와 뺨에 납작하게 붙인 곱슬 애교머리 스타일도 유행하였으며 폴(pall), 브레이드(braid) 등이 사용되었다.

1960년대의 여성들은 모발을 과도하게 부풀리는 부판트(bouffant)형을 선호하였으며 재키 케네디(Jackie Kennedy)여사의 바깥말음 스타일을 많은 여성이 모방했다. 머리 위의 부풀림은 머리의 길이에 상관없이 긴 머리나 짧은 머리에도 사용되었고 헤어피스와 가발도 많이 사용되었다.

(3) 1970~1980년대

1970년대 초 자연으로 돌아가자는 운동과 함께 여성들은 바람머리처럼 자연스러운 머리형태를 선호했으며 층이 있는 부드러운 웨이브 머리를 목 뒤 선까지 길렀고, 짧은 머리는 모든 연령층에 유행하였다. 또한 유니섹스(unisex) 스타일이 유행하면서 남녀가 같은 머리형태가 유행하였다.

짧은 펌 스타일과 긴 복고풍의 의상과 함께 머리형태도 1930년대의 자연스러운 웨이브 스타일이 유행하였다. 또한 영국 찰스 황태자와 다이애나 비의 결혼식으로 다이애나비의 바람머리 커트가 폭발적으로 유행했으며, 다양한 기구의 퍼머 스타일과 함께 블로우 드라이 테크닉이 주를 이루었다.

(4) 1990~2000년대

1990년대는 개인의 독창성이 중요시 되어지고 다양한 헤어스타일이 많이 유행하였다. 90년대 초에는 자연을 보호하자는 운동과 함께 에콜로지 룩(ecology look)과 더불어 밝은 색의 길고 자연스런 웨이브가 유행하였고, 중반으로 오면서 인종의 다양성이 인정되고 아프리카풍의 힙합 레게(reggae)패션이 유행하였다.

또한 오리엔탈 룩(oriental look)이 유행하면서 인도나 중국풍의 생머리나 직선적 뱅(bang)을 한 머리형태가 유행하였다. 후반에는 패션이 다양해지면서 개성이 강조되어 스트레이트 형이 유행을 하였고, 과감한 헤어 컬러링의 다양성과 여러 가지 헤어스타일링 제품의 발전과 함께 새로운 스타일이 계속 출현하였다.

(5) 2000~현재

2000년대 초에는 전 세계적으로 흘러내린 듯한 내추럴한 굵은 웨이브 머리와 앞머리의 짧은 뱅과 비대칭 스타일이 선풍적인 인기를 모았다. 또한 안쪽 층 모발은 짧게 자르고 바깥층은 길게 잘라 머리의 움직임을 최대로 움직일 수 있는 비달 사순의 디스커넥션(disconection)스타일이 유행하였다. 또한 업스타일 형으로는 자연스럽게 틀어 올리는 머리형태와 어깨 위로 늘어뜨리는 살롱 스타일, 컨테스트용의 화려한 업스타일 등이 있으며 현재 헤어디자이너들의 창의력을 더한 다양한 업스타일이 연출되고 있다.

직무수행능력 평가

- 조선시대 이후의 업스타일 변화를 정리해보자

이름		학번	
직무활동 과정			
※ 이곳에 직무활동과정 사진을 붙이세요.			
◎ 활동과정 중 어려웠던 점			
◎ 해결방안			

구분	평가내용	평가결과		
		상	중	하
사전준비	과제활동을 위한 사전 준비가 잘 되었는가?			
이해력	과제의 특성을 이해하였는가?			
수행능력	과제수행이 잘 이루어 졌는가 ?			
수행결과	수행결과 정보 활용가능성이 있는가?			

읽어보기

포마드(pomade)의 역사

매끄러운 헤어스타일 연출을 위해 사용하는 포마드 왁스는 2000년대 들어 남성 뿐 아니라 여성들에게도 인기 있는 왁스로 꼽힌다. 포마드는 처음에 머리카락 뿐 아니라 크림과 같이 피부에 바르는 화장품이었다. 고대 그리스로마에서 돼지기름에 사과를 넣고 끓인 다음 향료를 섞어 머리에 바르는 화장품으로 라틴어로 과실나무인 'pomum' 에서 유래되었다.

1950년대 말 한국에서 남성들이 가장 많이 사용하였으며 1970년대 후반부터 장발의 유행으로 점차 포마드의 사용이 줄어들게 되었다.

단정하게 가다듬고 포마드를 발라 빗어넘긴 헤어스타일은 기성세대의 상징이었고, 빗지 않고 휘날리는 헤어스타일은 새 세대의 상징이 되었다.

2000년대 이후로 다양한 헤어스타일이 등장하게 되면서 다시 포마드의 사용이 점차 증가하고 있으며 포마드스타일로 불리는 헤어스타일이 생겨나기도 하였다.

단원종합정리

01 업스타일은 여자의 긴 모발을 활동목적에 따라 편리하고 아름답게 표현하는 헤어스타일의 한 분야로 머리카락을 위로 치켜 올려 목덜미를 드러나게 하고 두부의 위쪽에 중점(point)을 둔 형식이라는 사전적 의미로 정의되어 있다.

02 옛 여성들은 생활에 불편함을 해소하기 위해 업스타일을 하거나 신분적인 위치에 따라 모발을 이용한 머리 형태를 달리하였다.

03 모발 길이가 짧을 경우에 헤어피스(Hair Piece)를 사용하여 연출 할 수 있어 머리 길이와 관계없이 디자인의 구상에 따른 구형, 편구형, 장구형 등의 머리 형태인 업스타일 느낌을 줄 수 있다.

04 우리나라의 업스타일 역사는 상고시대부터 시작된다. 이 시기에는 사냥과 채집으로 생활을 하던 때로 외모에 관심을 가질 생각도 하지 못하여 자연적으로 흐트러진 피발(被髮)을 하였고 생활의 불편함을 해소하기 위해 식물의 줄기 또는 짐승의 가죽으로 끈을 만들어 묶는 속발(束髮)을 하였다.

05 서양의 업스타일 역사는 고대 이집트시대에 직사광선을 피하기 위해 가발을 사용한 것으로부터 시작되었다.

가로세로 낱말풀이

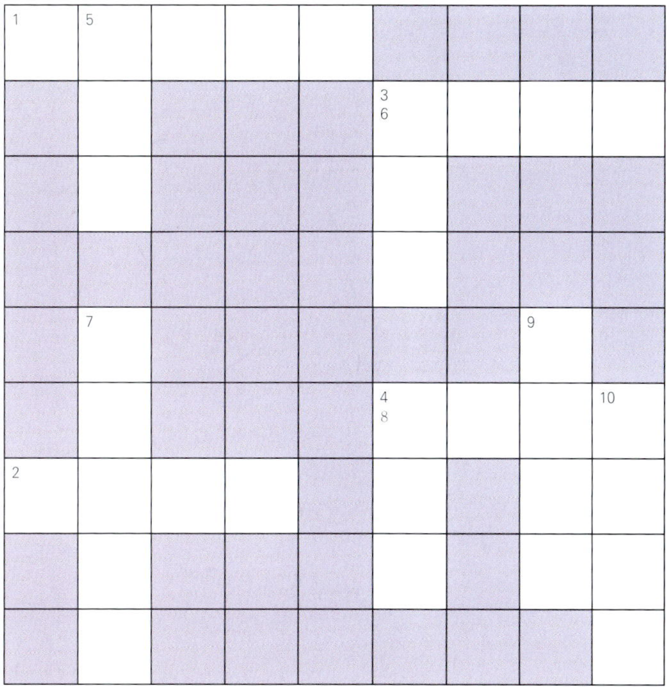

가로열쇠

1. ○○○○시대 여자들의 머리모양과 머리장식은 빠르게 변화하였으며 이때부터는 앞이마를 드러내고 머리에 꼭 맞는 모자를 썼다.
2. ○○○○는 머리장식에 쓰이는 첩지를 얹은 여자의 머리 모양으로 계급의 표식이기도 하였다.
3. ○○○○은 업스타일이나 긴 머리 스타일을 연출할 때 많이 사용하는 기법으로 작품성, 균형감, 매끄러운 질감, 다양한 각도의 묶는 위치를 고려하면서 빗의 터치, 모량 및 볼륨 조절능력, 스타일링 제품사용법 등 세밀한 훈련이 필요하다.
4. 루이 14세 이후에는 머리카락을 부풀리지 않고 뒤로 빗어 넘긴 낮은 머리형으로 조화나 리본, 레이스 캡, 깃털 등의 섬세한 장식을 한 ○○○○형이 유행하게 되었다.

세로열쇠

5. 고대 로마시대 중기에 상류층 여자들에게 ○○○를 착용하기 시작하였으며, 이것은 어린아이의 모자와 같이 끈으로 턱에다 묶는 작은 모자이다.
6. 고대 이집트에서는 ○○○는 모발뿐 아니라 전신미용에도 쓰였으며, 그 몇 가지 제법이 파피루스에 적혀 있다. 그 후 꽃을 지분에 담가서 채취하는 화정유(花精油)가 남유럽에서 널리 행해졌는데, 이를 ○○○라 불렀다.
7. 어여머리 위에 장식된 ○○○○○는 어여머리에다 일곱 꼭지의 다리를 모양낸 나무재질로 된 떠구지를 후두부의 돌출부위로 세워 올림으로써 거대한 머리모양이 된다.
8. 루이 14세 이후에는 머리카락을 부풀리지 않고 뒤로 빗어 넘긴 낮은 머리형으로 조화나 리본, 레이스 캡, 깃털 등의 섬세한 장식을 한 ○○○○형이 유행하게 되었다.
9. 1900년대 초는 S-자형 실루엣과 느슨한 곡선 형태의 가르마 없이 자연스럽게 빗어 올린 ○○○○형이 유행하였다.
10. ○○○○시대 여자들의 머리모양과 머리장식은 빠르게 변화하였으며 이때부터는 앞이마를 드러내고 머리에 꼭 맞는 모자를 썼다.

단원 형성 평가

01 우리나라 업스타일의 역사 중 아래 설명에 해당되는 시대는?

> 모발을 땋거나 동그랗게 환을 만들어 구슬로 장식한 쌍환계
> 미혼녀는 길게 늘인 머리
> 기혼녀는 땋아서 머리위에 얹은 머리형

① 삼한시대 ② 고구려 ③ 백제 ④ 신라

02 삼한시대에 기혼녀의 머리형으로 바르게 설명한 것은?

① 얹은머리, 쪽진머리, 중발머리 ② 반발형
③ 수발과 계식 ④ 추마계, 아환계

03 고려시대 몽골의 풍습으로 두정부 주변을 꼬고 정수리 부분만 남겨놓아 땋아 늘이는 머리모양은 무엇인가?

① 개체변발 ② 수모 ③ 수발 ④ 괴두노계

04 다음 머리모양으로 알맞은 것은?

① 얹은머리
② 첩지머리
③ 새앙머리
④ 떠구지머리

05 얹은머리에 가체를 사용하여 높고 풍성하게 올려진 머리모양은 무엇인가?

① 조짐머리 ② 새앙머리
③ 트레머리 ④ 쪽진머리

06 중세시대 머리모양에 대한 설명 중 바르지 않는 것은?

① 귀부인들은 황금이나 은, 밴드 등으로 머리를 장식하였다
② 태양으로부터 두피를 보호하기 위해 가발이나 머릿수건을 사용했다
③ 모발을 전부 위로 올려 머리중앙에서 가르마를 타고 양쪽으로 땋아 둥글게 환을 지었다
④ 앞가르마를 타고 모발을 두 가닥 또는 세 가닥으로 길게 땋아 늘어뜨렸다

07 **근세 바로크 시대에 유행하던 스타일로 귀족적인 의상에 어울리도록 탑부분을 크게 부풀린 머리형은 무엇인가?**

① 윔플　　② 게이블드 헤드드레스
③ 퐁파두르　　④ 퐁탕주

08 **근대 시대의 머리모양을 시대적으로 바르게 나열한 것은?**

㉠ 로마황제 티투스의 머리모양처럼 간단한 단발머리를 함
㉡ 버슬스타일과 아르누보스타일로 컬을 형성시켜 뒤로 늘어뜨리거나 굵게 땋는 머리형
㉢ 중간가르마를 타고 양옆으로 컬을 형성하여 부풀게 한 머리형
㉣ 염색약과 탈색제를 사용하여 붉은계열의 갈색머리를 만듬

① ㉠㉡㉢㉣　　② ㉡㉠㉢㉣
③ ㉡㉢㉣㉠　　④ ㉠㉢㉣㉡

09 **서양 머리모양 중 아래 설명에 해당되는 시대는?**

자연으로 돌아가자는 운동과 함께 여성들은 바람머리처럼 자연스러운 머리 형태를 선호했으며 다양한 기구의 퍼머 스타일과 함께 블로우 드라이 테크닉이 주를 이루었다

① 1900~1930년대　　② 1940~1960년대
③ 1970~1980년대　　④ 1990~2000년대

10 **안쪽 층 모발은 짧게 자르고 바깥층은 길게 잘라 머리의 움직임을 최대로 움직일 수 있는 스타일을 무엇이라 하는가?**

① 브레이드　　② 디스커넥션
③ 스위치　　④ 포마드

Part Ⅱ

업스타일의 디자인

단원 소개

이 장에서는 업스타일의 디자인 요소와 디자인 법칙을 습득하고 적용하여 고객의 얼굴형을 보완하는 창의력을 발휘할 수 있으며 아름다운 조화미를 연출할 수 있는 업스타일 디자인을 할 수 있다.

CHAPTER 03

업스타일의 디자인 이론

➔학/습/목/표

- 업스타일 디자인의 3대 요소를 설명할 수 있다.
- 업스타일 디자인의 7대 법칙을 설명할 수 있다.

1. 디자인의 3대 요소

1) 형태

업스타일 디자인의 형태란 통일(unity), 반복(repetition), 점층(gradation), 대칭(symmetry), 비례(proportion), 리듬(rhythm) 등의 디자인 법칙에 모양(shape), 크기(size), 방향(direction) 등의 구성요소들을 이용하여 여성스럽고 우아한 스타일로 변화시키는 것이며, 이러한 구성요소들에 창의성을 가미하여 조형미를 표현하게 된다. 또한 모든 형태에는 점과 점을 연결하여 필연적으로 공간과의 경계에 면(plane)이 생기며, 이는 곧 형이 된다. 즉, 3차원적인 형태란 공간을 차지하고 주요특성인 깊이와 양감으로 보는 각도와 위치에 따라 많은 형(form)을 가지며 크기, 색채를 가지고 있다. 이러한 형의 윤곽이나 면에 질감(texture)과 색채(color) 등을 고려하여 아름다움을 표출하기도 한다. 그러므로 우리에게 미를 느끼게 하는 요소는 형과 색, 질감의 조합에 있다고 할 수 있다.

형태디자인은 너비와 길이가 거의 같은 구형과 길이보다 너비가 더 확장된 형태인 편구형, 너비보다 길이가 더 긴 형태인 장구형의 세 가지로 분류된다.

구형(spheroid) : 길이와 너비가 같게 균등한 비율인 형

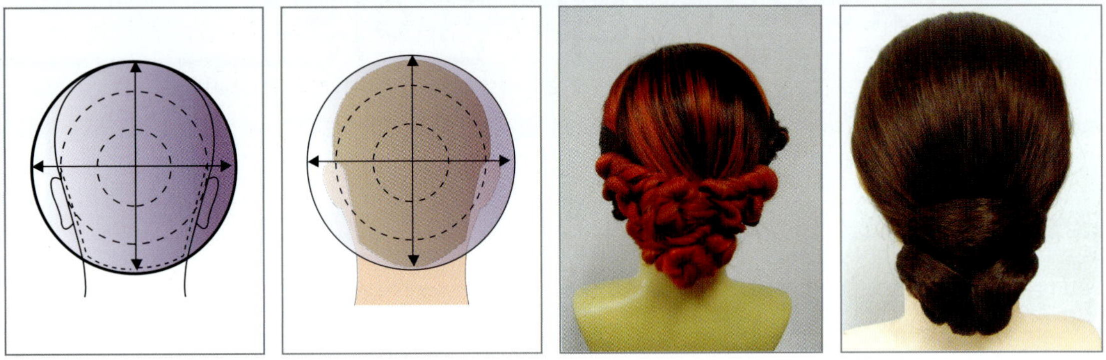

편구형(prolate) : 길이보다 너비가 확장된 형

장구형(oblate) : 너비보다 길이가 더 긴 형

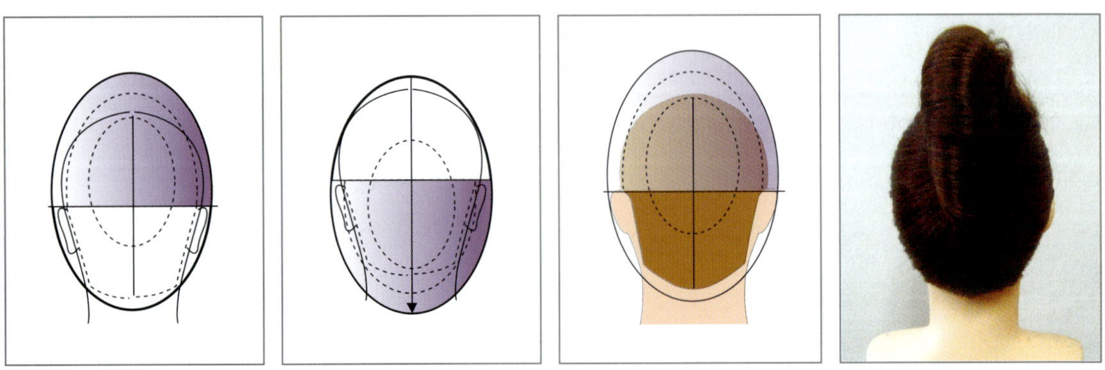

(1) 점(point)

기하학적 정의에 의하면 점은 면적이 없이 위치만을 표시하는 것으로 길이도, 폭도 없으며 어떤 공간도 형성하지 않는 것이다. 조형요소로서 점은 도면상에 비교적 작은 면적을 점유하는 것을 말한다. 점의 가장 공통된 모양은 단순하고 조밀하며 각지지 않고 방향도 갖지 않는 원형으로 점의 크고 작음은 표현에 영향을 준다. 점이 커지면 질감과 명암, 색채도 가질 수 있으며 점이 반복적일 경우에 구체적인 형식으로 업스타일이 형성된다. 점은 형태의 성격을 가장 강하게 시각화하며, 크고 작음을 표현하는 크기로 디자인의 분위기에 영향을 미친다.

(2) 선(line)

기하학에서는 하나의 점이 이동하는 경로를 선이라고 한다. 디자인에서는 선이 다양한 넓이를 가질 수 있으며 위치와 방향성을 가지고 형을 만들어 내기 때문에 디자이너들에게 선은 상당히 중요한 요소이다. 조밀하고 규칙적으로 집단화된 점이나 선들은 평면 형태를 연상시키는 한편, 평면의 질감이 되기도 한다.

선은 연속되며 끊어지지 않고 어떤 형태의 특성과 성격을 단순하게 하거나 또는 정서적인 분위기와 특성을 표현하기도 하며 얇은, 두꺼운, 거친, 부드러움, 자유스러움, 우아함, 섬세하고, 고상한 느낌 등 여러 가지 표현을 나타낼 수 있다.

선은 직선, 곡선, 구부린 선 등으로 분류한다. 직선은 굳건하고, 남성적이고, 엄정하고, 적극적이며, 직접적이고, 긴장되고, 단호하고, 딱딱한 성질을 나타낸다. 곡선은 섬세하고, 여성적이고, 차분하고, 우아하고, 자유롭고, 신축성이 있고, 유동적이고, 연속성이 있으며, 수동적이고, 부드러움을 보여준다. 급하게 휘거나 꺾인 곡선이나 직선은 능동적이고 강력한 느낌을 준다.

선은 기본적으로 움직임을 나타낸다. 따라서 선의 중요한 특징은 수직, 수평, 대각(사선)선의 방향감이다. 수평선은 고요함, 정지감의 이미지로 안정, 평온, 단순한 느낌을 주며, 수직선은 상승감의 이미지로 엄격, 위엄, 간결의 느낌을 준다. 그리고 사선은 역동적 이미지로 활동적, 경쾌함, 발랄함의 느낌을 준다.

(3) 면(plane)

면은 폭과 길이가 있고 두께는 없지만 위치와 방향성을 갖는 공간 구성의 기본 요소이다. 선이 본래의 방향을 달리하여 다른 방향으로 이동할 때 면을 이룬다. 면은 높이, 길이, 넓이의 표현이며 형을 만드는 조형 요소로서, 선이 꺾이거나 구부러지는 방향에 따라 면의 윤곽에 방향성이 성립이 된다. 즉, 면의 꺾이는 수에 따라 S컬, C컬, J컬 등을 나타낼 수 있다.

다른 요소와 같이 디자인에서의 면은 길이와 넓이, 색, 질감이 나타난다.

(4) 위치(position)

어느 위치에 포인트를 부여하는가에 따라 이미지가 달라지며 모양, 크기, 방향성에 따라 얼굴에 나타나는 조화로움 또한 다르다. 포인트의 정착 점에 따라 얼굴형이 보완될 수 있으며 아름다운 조화미를 연출 할 수 있다.

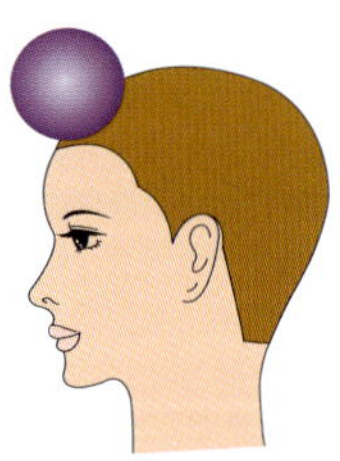

F.P
열정, 화려, 관능

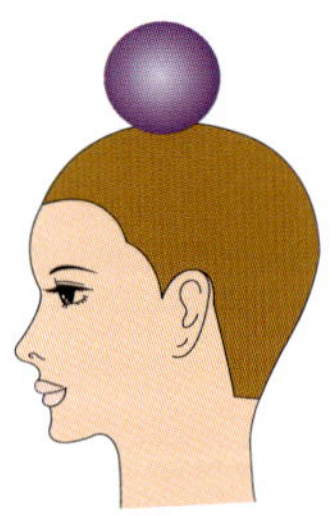

T.P
적극, 쾌활, 명랑

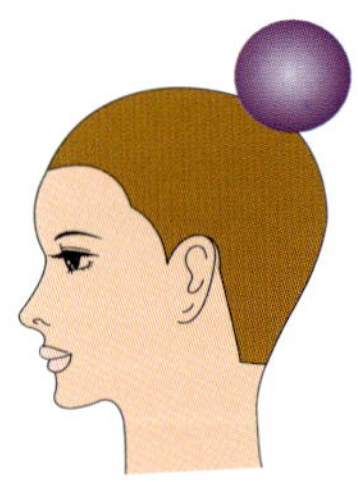

G.P
신비, 감각, 유연

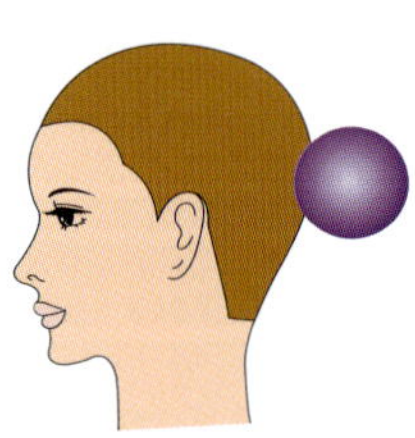

B.P
안정, 자의, 온화

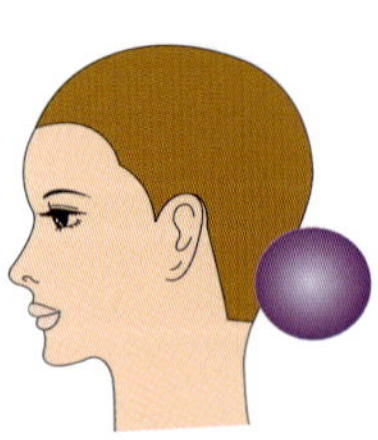

N.P
정숙, 차분, 엄숙

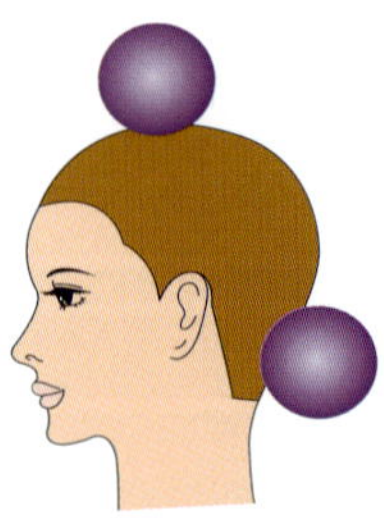

T.P ~ N.P
화사, 균형, 변화

2) 질감(texture)

질감(texture)은 그 물질이 본래 가지고 있는 표면의 재질감을 가리킨다. 질감은 촉각적이며 또 시각적이어서 눈으로 보는 것만으로도 알 수 있지만, 손으로 만졌을 경우 더욱 더 구체적으로 감지할 수 있다. 이러한 기억들로 인해 실제로 우리는 업스타일을 할 경우 직접적으로 만져보지 않아도 기억적인 감각적 반응으로 촉감을 느낄 수 있다.

이러한 느낌에는 매끄럽다거나 거칠다 또는 평평하거나 도드라져있다. 광택이 없거나 있다 등으로 나타낼 수 있다. 질감은 빛을 흡수하거나 반사하는 성질이 있어 색채를 나타내기도 한다.

우리는 색채와 명도만으로도 질감을 느낄 수 있다. 예를 들면 명도가 낮은 검정색의 경우는 밝은 색보다 질감이 좋아 보인다. 그러므로 질감은 형태, 색채와 더불어 중요한 요소가 된다.

매끄러운 질감
(inactivated)

거친 질감
(activated)

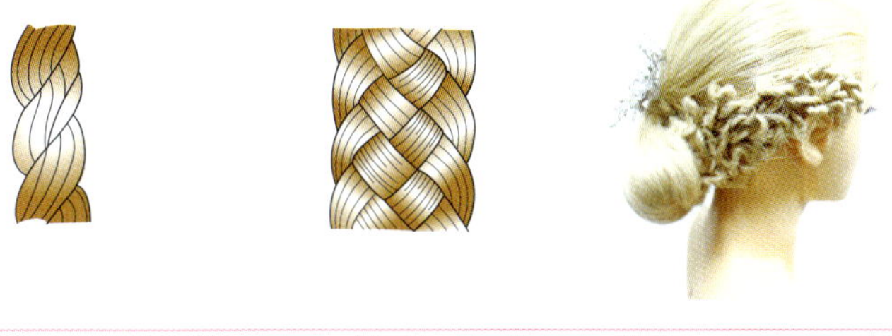

혼합형 질감
(combination)

3) 색상(color)

색(color)은 빛이 변할 때 마다 색채 또한 변하는 빛의 산물이며 인접해 있는 물체의 색상에 따라 달라 보인다. 무지개를 통해 일곱가지 색을 볼 수 있는 것은 공기 중에 있는 수분의 입자가 분광작용을 일으켜 빛의 스펙트럼을 보여주기 때문이다. 모든 사물은 모든 색상을 포함하고 있는 백색광 가운데 어떤 광선을 반사시켜서 색을 나타낸다. 즉, 파란 물체는 파란 광선을 제외하고는 모든 광선을 흡수하여 우리의 눈에 파랑만 반사되어 보이는 것이다.

업스타일에 있어서 색채는 디자인의 요소 중 가장 감각적이고 시각적이며 다른 요소보다 좀 더 생동감 있고 본능적이다. 빛의 파장을 나타내는 색상과 밝고 어두움의 정도를 나타내는 명도, 순수한 정도를 나타내는 채도를 우리는 항상 같이 느낄 수 있다. 즉, 색상의 명도에 따라 질감과 깊이감, 면적, 크기 등을 다르게 느끼게 된다. 그러므로 업스타일은 형과 색의 조화가 필요하다.

(1) 어두운 색상 : 전반적인 형태에 주의를 집중시키고 깊이를 더해준다.

(2) 밝은 색상 : 각각의 모양에 시선을 이끌어 준다.

(3) 색상 혼합 : 디자인 크기(입체감)를 더해주고, 질감에 착시효과를 일으켜 웨이브 방향을 강조해준다.

어두운 색상

밝은 색상

색상 혼합

2. 디자인의 7대 법칙

1) 균형(balance)

균형이란 서로 반대되는 힘의 평형 상태 또는 시각적인 무게감의 동등한 분배를 의미하며, 이러한 균형은 업스타일시 안정감을 주게 된다. 또한 시각적인 무게감은 선, 면, 형태, 크기, 방향, 질감, 색채, 명도 등과 같은 디자인 요소들의 배치와 테두리(frame)등의 관계에 의해서 표현되는 시각적인 안정감을 말한다. 이러한 균형은 대칭(symmetric)과 비대칭(asymmetric)으로 구분할 수 있다.

(1) 대칭(symmetric)

대칭은 업스타일의 형태가 대각선으로 또는 수직, 수평으로 균등하게 분할되어 있는 균형을 말한다. 하나 또는 하나 이상의 동일하거나 매우 유사한 요소들이 한 축을 중심으로 서로 반대쪽에 위치하여 시각적인 힘의 평형을 이루는 것이다. 업스타일에 있어 대칭은 일반적으로 표현하는 균형이며, 질서와 안정감, 통일감을 느끼게 한다.

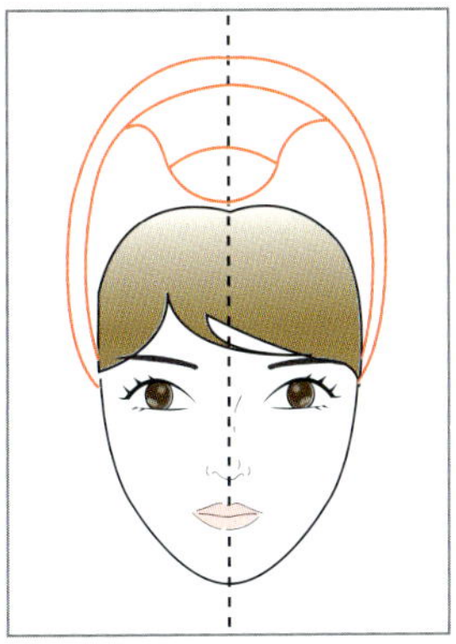

(2) 비대칭(asymmetric)

비대칭이란 하나 혹은 둘 이상의 서로 다르거나 대립되는 디자인의 요소들이 축선을 중심으로 반대쪽에서 시각적, 정신적 안정감을 준다. 비대칭은 색상과 모양, 질감, 크기 등으로 생동감 있는 형태를 창조하여 균형적인 느낌이 들도록 고려해야한다.

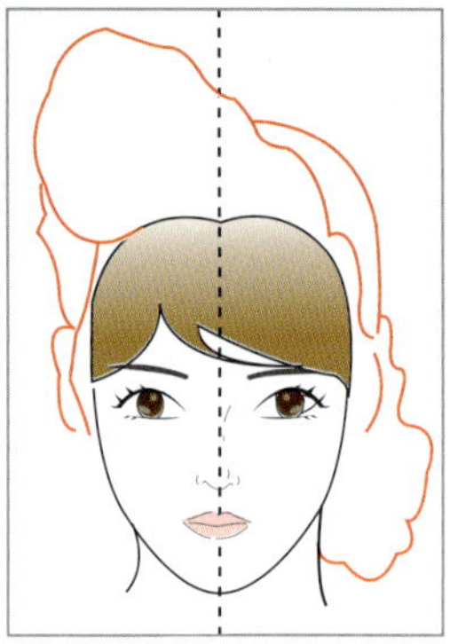

2) 진행(progression)

인접된 위치에 있는 일련의 연속은 서로 유사하며 조화를 이루고 있다. 점차로 크게 변하거나 점차적으로 작아지거나, 또는 어느 방향으로 점차적으로 변하는지, 색상은 노란색에서 보라색까지 점차적으로 그라데이션(gradation)되는 것, 즉 형태, 크기, 방향, 색상, 명도, 채도, 흐르는 연속, 점차적으로 강한 것, 점차로 약한 것, 운동 등을 내포하고 있기 때문에 업스타일 디자인에 있어서 표현의 수단이다.

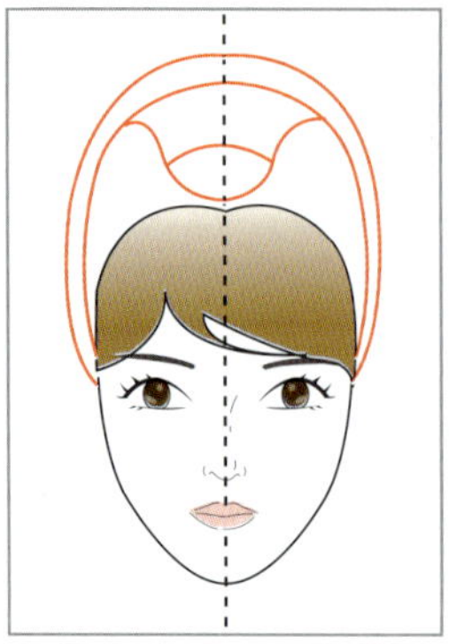

3) 반복(repetition)

같은 요소가 둘 이상이 일정한 간격을 두고 되풀이되는 것을 반복(repetition)이라 한다. 업스타일 디자인에서의 반복은 여러 부분을 연결하기 위해 개별적인 구성요소가 한번 이상 사용될 경우를 반복이라 한다. 같은 형이나 색 등이 균형적으로 반복되었을 때 통일감과 안정감을 느낄 수 있으며, 형과 색이 반복되어 있는 경우와 큰 반복 속에 작은 반복이 있는 경우도 많다. 이러한 반복이 지나치게 많은 경우는 아름다움을 느끼는 정도가 조금 떨어지게 된다. 반복되는 요소로는 형태, 크기, 색채, 질감, 방향, 위치 등이 있다.

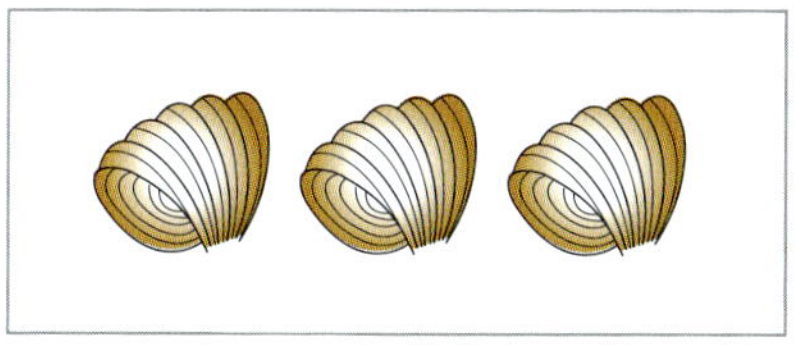

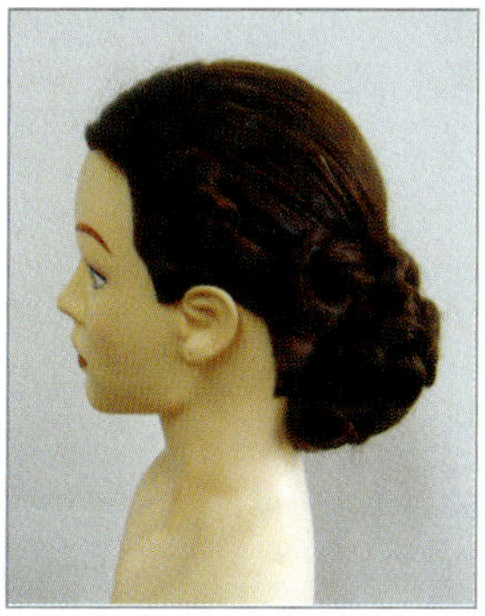

4) 강조(dominance)

업스타일 디자인을 할 경우 특정한 부분을 강하게 강조하여 변화를 주는 원리이며 전체적으로 강한 통일감을 나타낼 수 있다. 시각적으로 강조가 부각되어 단점을 저하시키는 강조의 방법으로는 형태, 색채, 명도 등의 강조 요소들을 잘 배치하여 업스타일의 시각적 효과를 높일 수 있다. 강조 부분의 크기와 위치의 변화를 주면서 시각의 균형과 움직임에 헤어 디자이너의 예술적 감각이 요구된다.

5) 교대(alternation)

교대는 두 가지 이상의 요소가 주기적 또는 규칙적으로 연속되는 반복을 의미하며 요소들 간의 간격을 고려해야 한다. 교대는 질서와 주기, 간격을 이용하여 표현되어야 하며 색상이나 질감의 반복과 형태의 교차 반복으로 창조적인 업스타일을 할 수 있다.

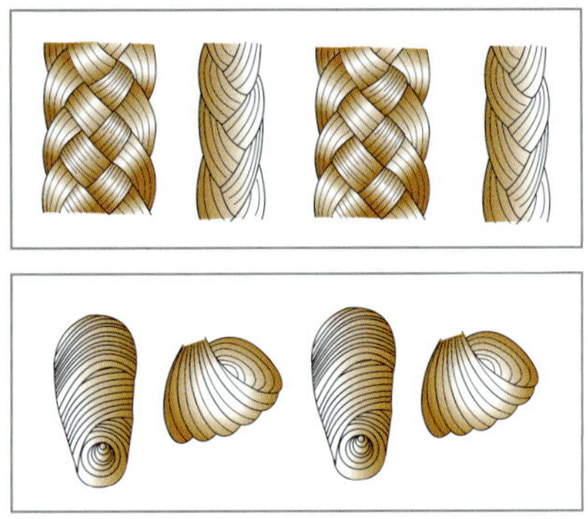

6) 대조(contrast)

대조는 각 요소들 간의 서로 상반되는 차이로 형태, 방향, 크기, 색채, 질감, 위치 등의 시각적 요소들을 대조되게 배치하는 것이다. 대비는 크고 작음과 곡선과 직선, 길고 짧음, 밝고 어두움, 맑고 탁한 색, 질감의 매끄럽고 거칠음, 섬세함과 엉성함, 높고 낮음, 무거움과 가벼움, 움직임과 가라앉음, 강한 것과 약한 것 등으로 대조될 수 있으며 이러한 요소들로 업스타일 디자인의 차별화를 줄 수 있다.

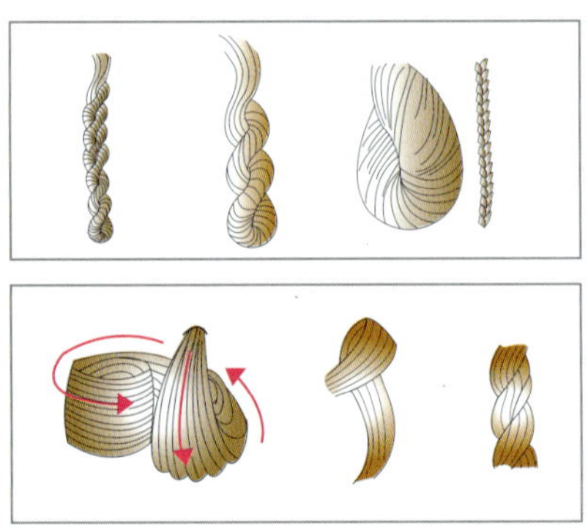

7) 조화(harmony)

조화는 형태, 크기, 색채 등과 같은 둘 이상의 특징 있는 요소들의 상호관계에 의해서 생긴다. 또한 서로 비슷한 모양을 이루며, 감각적인 효과를 발휘할 때 일어나는 미적 현상이다. 조화는 전체적으로 다양함과 변화에 대한 통일과 같이 질서를 잡는 역할을 한다. 업스타일에 있어서 조화가 부족한 표현은 다른 요소를 충실하게 했다해도 통일감이 없는 산만한 느낌을 주게 된다. 그러므로 색과 선, 면과 형이 일정의 디자인 구성 속에서 서로 조화로운 관계를 이룰 때, 그 전체를 아름답다고 할 수 있다.

직무수행능력 평가

- 업스타일을 분석해보자

이름		학번	
직무활동 과정			
※ 이곳에 직무활동과정 사진을 붙이세요. -최신 업스타일을 수집하여 디자인 원리와 디자인 법칙을 적용하여 분석하기			
◎ 활동과정 중 어려웠던 점			
◎ 해결방안			

구분	평가내용	평가결과		
		상	중	하
사전준비	과제활동을 위한 사전 준비가 잘 되었는가?			
이해력	과제의 특성을 이해하였는가?			
수행능력	과제수행이 잘 이루어 졌는가 ?			
수행결과	수행결과 정보 활용가능성이 있는가?			

CHAPTER 04
업스타일의 디자인 결정

➔ 학/습/목/표

- 고객의 요구를 파악한 후 디자인을 결정할 수 있다.

고객의 목적이나 미적 가치 기준에 따라 이미지나 생각을 구체화하여 업스타일의 디자인을 한다. 업스타일 디자인 결정의 고려 사항은 외적요소와 내적요소로 분류할 수 있다. 외적요소는 고객이 가지고 있는 모발상태와 신체적 특징, 메이크업, 의상, 액세서리 등의 시각적 정보를 먼저 파악하여 상호간에 조화가 이루어지도록 디자인을 설정하며, 내적요소는 고객의 나이나 직업, 스타일의 선호정도와 참석하는 행사의 성격을 파악하여야 한다.

1. 업스타일 디자인의 결정

업스타일 디자인을 할 경우 고객의 얼굴형과 모발의 길이, 의상, 업스타일을 하는 목적에 따라 창의적으로 구상하여 시술한다. 특히 때와 장소에 따라서 강조해야 될 경우와 그렇지 못할 경우가 있다. 디자이너는 고객의 상황을 고려해야하며 또한 얼굴형에 따라 디자인의 중요함도 인지하여야 한다.

업스타일을 연출할 경우 달걀형이 모든 얼굴형의 표준형이 된다. 그러므로 달걀형에 가깝도록 업스타일을 하기 위해서 블로우 드라이, 플랫 아이론, 전기 셋팅기를 이용하여 셋팅을 한 후 시술한다. 얼굴 형태로는 일반적으로 달걀형, 사각형, 둥근형, 장방형, 역삼각형, 삼각형, 마름모형 등으로 나누어진다.

2. 업스타일 결정의 고려 사항

1) 외적 요소

고객이 가지고 있는 모발 상태와 신체적 특징, 메이크업, 의상, 액세사리 등의 시각적 정보를 먼저 파악하여 상호간에 조화가 이루어지도록 하며, 한복, 웨딩드레스, 파티드레스, 평상복 등 각각 의상의 컨셉에 따라 디자인을 설정할 수 있다. 또한 얼굴의 결점을 커버하고 장점을 돋보이게 할 필요가 있다.

(1) 모발의 조건

모발의 조건으로는 탄력, 커트 상태, 퍼머넌트 웨이브 정도, 모량(hair volume), 목선 상태, 모발 손상 정도, 곱슬 정도, 컬러링 상태, 목선의 페이스라인(face line)등을 고려한다.

① 쇼트헤어

쇼트헤어는 짧은 모발의 길이를 피스로 연결하여 얼굴형에 따라 연출할 수 있다. 피스를 사용하지 않고 할 경우에는 액세서리를 이용하면 업스타일에 용이하다.

② 미디움헤어

모발을 묶은 위치에 부분가발을 달아 롱 헤어처럼 연출한 후 이음부분에 장식물을 부착하여 자연스러워 보이게 한다. 쇼트헤어 보다 업스타일에 용이한 길이로 볼륨을 주고자 할 경우 백콤을 넣어 풍성하게 하기도 한다. 액세서리를 이용해서 원하는 업스타일을 연출할 수 있다.

③ 롱헤어

모발길이가 길어서 어떠한 업스타일도 가능하며 땋기, 매듭, 고리, 겹치기, 말기 등의 디자인 구성요소를 이용하여 연출할 수 있으며, 백콤 처리로 볼륨 있는 업스타일과 시뇽 스타일을 자유롭게 연출할 수 있다.

(2) 얼굴조건

① 달걀형 얼굴

달걀형 얼굴은 세로가 가로의 약 1.5배이고 턱이 이마보다 약간 좁다. 이상적인 표준 얼굴로 업스타일을 어떠한 위치에 강조를 하여도 무난한 아름다운 미의 표준 얼굴형이다.

② 장방형 얼굴

장방형의 얼굴은 세로 길이에 비해서 가로의 폭이 좁아 턱이 길어 보임으로 날카로운 인상을 줄 수 있다. 이 경우는 탑 부분을 낮게 하고 사이드 부분에 볼륨을 주도록 하는 업스타일의 연출이 효과적이다.

얼굴이 길어 보이지 않게 하기 위해서 프린지에는 웨이브나 컬을 이용하여 뱅 처리를 한다. 헤어 파트는 센터 파트를 피하고 사이드 파트를 하도록 한다.

③ 사각형 얼굴

사각형 얼굴은 선이 모나고 면적이 넓어 얼굴이 커 보이는 일직선상의 헤어라인이 특징이다.

이마의 모난 부분을 감추도록 윗머리의 모근을 세우고 풍성하게 연출하며 한 쪽 귀를 살짝 가려 부드러운 느낌이 들도록 한다. 또한 옆폭이 좁아 보이도록 모근에 볼륨을 주지 않는 비대칭의 업스타일이 잘 어울린다.

④ 삼각형 얼굴

턱이 넓게 보이고 이마 부분이 좁은 얼굴형이다. 따라서 헤어 디자인은 이마 부분의 폭이 넓어 보이도록 백콤 처리를 하고, 턱 부분이 다소 좁게 느껴지도록 하는 보완을 한다. 따라서 옆선을 강조한 웨이브와 좁은 이마를 감출 수 있는 큰 뱅을 하도록 한다.

⑤ 역삼각형 얼굴

이마가 넓고 턱 선이 좁아 보이는 것이 특징이므로 프론트 부분은 볼륨이 있는 큰 웨이브로 이마를 좁아 보이게 하는 업스타일을 한다.

⑥ 마름모형 얼굴

상하의 폭이 좁고 양 볼의 뼈가 튀어나와 있는 얼굴형이다. 마름모형의 업스타일은 이마 부분과 턱 부분을 각각 폭넓게 보이도록 보완하여야 한다. 따라서 이마가 넓어 보이게 모근을 세우고 볼륨을 주며 광대뼈 부분의 모발은 볼륨이 없게 한다.

⑦ 원형 얼굴

원형 얼굴은 얼굴이 실제보다 길어 보이도록 디자인을 하여야 한다. 전두부의 헤어라인과 턱 선이 눈에 띄게 둥글어 얼굴이 크게 보이는 단점이 있다. 그러므로 업스타일을 할 경우 탑 부분을 높고 풍성하게 한다.

(3) 체형조건

비만체형, 날씬한 체형, 키 큰 체형, 작은 체형 등

2) 내적요소

고객의 나이나 직업, 스타일의 선호 정도와 참석하는 행사의 성격을 파악해야한다.

(1) 기호조건

귀여운 분위기 선호, 중엄한 분위기 선호, 나이가 젊어 보이게 등을 파악한다.

(2) 상황조건

① 고객의 행사

고객의 주된 행사는 명절, 결혼, 약혼, 돌잔치, 회갑, 가족사진 촬영, 모임, 동창회, 파티, 모델, 연주회, 발표회, 개업식, 집들이, 면접, 맞선 등의 행사 중 해당되는 행사가 무엇인지 파악한다.

② 고객의 당일 입장과 역할

결혼당사자인 신부, 시어머니, 친정어머니, 신부의 친구 언니나 동생, 사촌, 이모, 올케, 시누이, 동서, 결혼하객, 신부친구로서 부케 받을 사람 등의 입장을 파악한다.

③ 장소

대형호텔 결혼식장, 일반 결혼식장, 야외식장, 학군단 이벤트, 특수 결혼식장(사관학교 등), 성당, 야외 촬영 등의 조건을 파악한다.

업스타일 디자인의 프로세스

<table>
<tr><td rowspan="4">디자인 계획</td><td rowspan="2">문제인식,
목표설정(상담)</td><td>외적 요소</td><td>체격, 어깨선, 목선, 얼굴윤곽, 모발길이, 의상, 메이크업, 액세서리 등</td></tr>
<tr><td>내적 요소</td><td>나이, 직업, 유행, 행사의 특성 등</td></tr>
<tr><td>테마 설정</td><td colspan="2">목표에 적절하고 디자인에 대한 전반적인 이미지를 함축하는 테마를 설정한다.</td></tr>
<tr><td>컨셉 설정</td><td colspan="2">선정된 테마에 맞추어 디자인에 사용할 형태, 색채, 질감, 기술요소 등을 선정한다.</td></tr>
<tr><td rowspan="7">디자인 원리</td><td rowspan="3">아이디어 개발</td><td>아이디어 준비</td><td>고객 상담에 대한 정보를 토대로 창의성과 한계성의 설정</td></tr>
<tr><td>아이디어 수집</td><td>아이디어 합성, 구체화</td></tr>
<tr><td>아이디어 편집</td><td>디자인 원칙에 의한 컨셉 구현</td></tr>
<tr><td rowspan="3"></td><td rowspan="3">디자인의
세부 사항 선정</td><td>형태 – 모양, 크기, 방향, 위치</td></tr>
<tr><td>질감 – 매끈한, 울퉁불퉁한</td></tr>
<tr><td>색채 – 명암, 색상혼합</td></tr>
<tr><td>디자인 시각화</td><td colspan="2">이미지 스케치</td></tr>
<tr><td rowspan="2">디자인 평가</td><td>평가 및 재확인</td><td colspan="2">창조된 업스타일 디자인을 평가하고, 고객과 충분한 의사소통으로 디자인을 검토 확인 및 문제점 보완작업을 한다.</td></tr>
<tr><td>디자인 결정</td><td colspan="2">디자인의 최종 단계로 시술할 디자인을 결정한다.</td></tr>
</table>

직무수행능력 평가

- 업스타일을 분석해보자

<table>
<tr><td>이름</td><td></td><td>학번</td><td></td></tr>
<tr><td colspan="4">직무활동 과정</td></tr>
<tr><td colspan="4">※ 이곳에 직무활동과정 사진을 붙이세요.
-최신 업스타일을 수집하여 외적요소와 내적요소를 적용하여 분석하기</td></tr>
<tr><td colspan="4">◎ 활동과정 중 어려웠던 점</td></tr>
<tr><td colspan="4">◎ 해결방안</td></tr>
</table>

<table>
<tr><td rowspan="2">구분</td><td rowspan="2">평가내용</td><td colspan="3">평가결과</td></tr>
<tr><td>상</td><td>중</td><td>하</td></tr>
<tr><td>사전준비</td><td>과제활동을 위한 사전 준비가 잘 되었는가?</td><td></td><td></td><td></td></tr>
<tr><td>이해력</td><td>과제의 특성을 이해하였는가?</td><td></td><td></td><td></td></tr>
<tr><td>수행능력</td><td>과제수행이 잘 이루어 졌는가 ?</td><td></td><td></td><td></td></tr>
<tr><td>수행결과</td><td>수행결과 정보 활용가능성이 있는가?</td><td></td><td></td><td></td></tr>
</table>

읽어보기

여성만큼 아름다워지는 남성

최근 남성의 외모에 대한 인식이 변하고 있다. 여성과 마찬가지로 외모는 타고난 것이 아니라 만들어지고 관리되는 것이라는 관념이 형성되고 있기 때문이다. 남성을 타깃으로 하는 미용 산업이 성행하고 있으며 남성소비자가 증가하고 있는 추세이다. 남성의 외모 관리 방법도 메이크업에서부터 성형수술과 같은 방법으로 다양하게 이루어지고 있다.

남성을 대상으로 한 연구들을 분석한 결과 외모관리 비용이 아깝지 않다고 응답한 남성이 많았으며 자신을 위해 피부관리, 몸매관리 등을 하고 있는 남성이 적지 않았다. 특히 헤어스타일은 눈에 쉽게 띄는 부분이므로 다양한 개성 연출이 가능하기 때문에 메이크업, 의상과 통합하여 개인의 인상을 형성하는데 크게 영향을 주는 것으로 인식되고 있다.

이러한 특성은 청소년층은 물론 사회진출을 시작하는 20대에서 두드러지게 나타난다. 이는 취업을 앞둔 남성은 외모가 사회적 성공을 위해 중요하다고 인식하고 있기 때문이다. 또한 피부나 체형관리와 같이 변화를 보기까지 오랜 기간이 소요되는 것과 대조적으로 헤어스타일과 메이크업, 의상 등은 평균수입이 적더라도 적은 시간과 비용을 투자해 큰 효과를 나타낼 수 있다.

단원종합정리

01 업스타일 디자인은 형태, 질감, 색상에 의해 결정된다.

02 디자인 7대 법칙은 균형, 대칭, 비대칭, 진행, 반복, 강조, 교대, 대조, 조화이다.

03 업스타일을 연출 할 경우 달걀형이 모든 얼굴형의 표준형이 된다. 그러므로 달걀형에 가깝도록 업스타일을 하기 위해서 블로우 드라이, 플랫 아이론, 전기 셋팅기를 이용하여 셋팅을 한 후 시술한다.

04 업스타일 디자인 결정 시 외적요소(머리조건, 얼굴조건, 체형조건)와 내적요소(기호조건, 상황조건)를 고려하여야 한다.

가로세로 낱말풀이

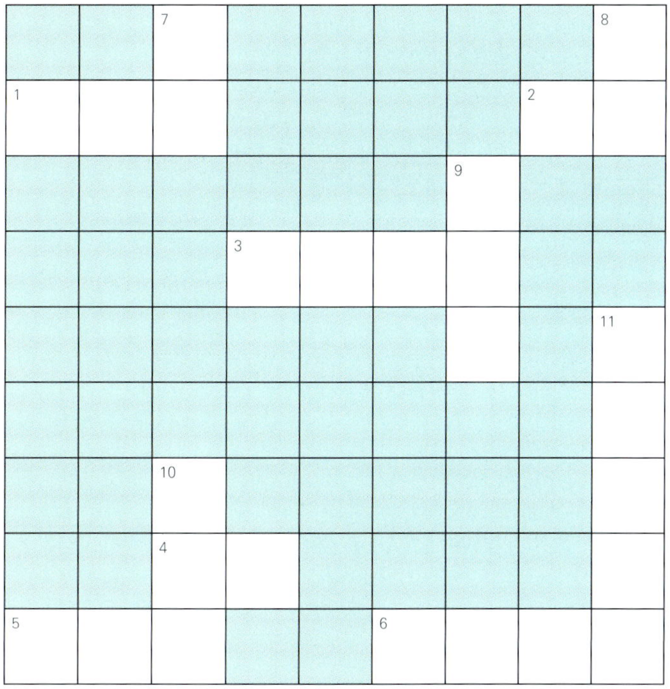

가로열쇠

1. 업스타일을 연출 할 경우 ○○○이 모든 얼굴형의 표준형이 된다.
2. 윤기 있고 탄력있는 웨이브를 형성하기 위해 모발을 잡아 당기는 과정
3. 머리가 나는 부분으로 프론트 라인, 사이드 라인, 오프라인등의 명칭이 있다.
4. 물의 축축한 기운을 말한다.
5. 일정 온도 이상의 열을 가하게 되면 모발의 형태가 변화는 특성
6. 디자인 7대 법칙은 ○○, 대칭, 비대칭, 진행, 반복, 강조, 교대, 대조, 조화이다

세로열쇠

7. 측쇄결합에는 시스틴 결합, 염결합, ○○○○의 3종류가 있다.
8. 시술하기 위해 가장 작게 나눈 부분
9. 롤 브러시나 롯드를 이용하여 머리 다발을 뜬 패널을 감는 동작을 말한다.
10. 모발은 습한 공기 중에서는 수분을 흡수하고, 건조한 공기 중에서는 수분을 발산하는 ○○○을 갖는다.
11. 모발 내 결합은 크게 펩티드 결합, ○○○○○, 수소결합, 소수결합이 있다.

단원 형성 평가

01 디자인의 3요소로 바르지 않는 것은?

① 질감　② 형태　③ 조화　④ 색

02 선에 대한 설명으로 바르게 나열한 것은?

㉠ 조밀하고 규칙적으로 집단화된 형태를 연상시킨다
㉡ 질감과 명암, 색채를 가질 수 있으며 크고 작음을 표현하는 크기이다
㉢ 형태의 특성과 성격을 단순하게 또는 정서나 분위기를 나타낼 수 있다
㉣ 차분함, 자유로움, 부드러움, 강렬한 느낌을 줄 수 있다

① ㉠㉡㉣　② ㉠㉡㉢　③ ㉡㉢㉣　④ ㉠㉢㉣

03 아래 그림과 같은 위치에 포인트를 부여할 시 나타나는 느낌은?

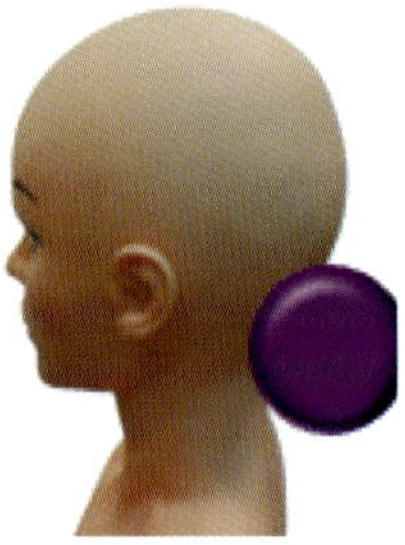

① 열정, 관능, 화려
② 신비, 감각, 유연
③ 정숙, 차분, 엄숙
④ 화사, 균형, 변화

04 디자인의 법칙에 대한 설명 중 바르지 않는 것은?

① 균형: 힘의 평형 상태 또는 시각적인 무게감의 동등한 분배
② 반복: 인접된 위치에 있는 일련의 연속이 서로 유사하며 조화를 이룸
③ 교대: 두 가지 이상의 요소가 주기적 또는 규칙적으로 연속
④ 대조: 각 요소들간의 서로 상반되는 차이

05 업스타일을 결정하기 위한 고려사항 중 미디움 헤어 연출 방법을 설명하시오.

06 업스타일의 고려사항 중 내적요소에 대하여 설명하시오.

Part Ⅲ

업스타일 도구 및 제품 사용의 이해

단원 소개

아름다운 업스타일을 완성하기 위해서는 디자인과 테크닉도 필요하지만 사용하는 도구 또한 전문적인 도구를 사용하면 업스타일을 정확하고 손쉽게 완성시킬 수 있다. 사람마다 모발의 길이가 다르고 모양 또한 다르기 때문에 도구의 적합한 선택이 매우 중요하며, 도구의 선택에 따라 깨끗한 질감처리와 방향성을 가진 아름다운 업스타일을 연출할 수 있다.

CHAPTER 05

업스타일의 도구와 사용방법

학/습/목/표

- 업스타일 도구의 분류와 특징을 설명할 수 있다.
- 업스타일 도구의 종류별 사용법을 설명할 수 있다.

1. 브러시의 종류

1) 덴맨 브러시(denman brush)

모발에 텐션과 윤기를 부여하고 모근에 볼륨감을 형성하면서 헤어디자인 라인을 아름답게 표현하고자 할 경우 적합하며 쪽머리와 같은 고전머리를 할 경우에 표면을 매끄럽게 할 수 있다.

2) 롤 브러시(roll brush)

라운드 형태의 브러시로서 업스타일을 위하여 다양한 크기의 컬을 만들고 하고자 할 때, 또는 업스타일에 웨이브의 방향성을 주고자 할 경우 사용할 수 있다. 펌이 되어 있는 모발을 스트레이트로 펴서 고전 스타일을 할 수 있다.

3) 금속성 브러시(metal brush)

브러시 전체가 금속성인 알루미늄으로 되어 있어 열전도가 빠르고 드라이어의 열이 오래 유지되어 시술 시간을 단축시키며 컬이 잘 형성되므로 업스타일을 할 경우 웨이브 연출이 용이하다.

4) 돈모 브러시(swine bristles brush)

볼륨을 형성시키기 위해 백코밍(back combing)한 모발의 표면을 매끄럽게 하기 위해 사용하며 S자형과 일자형의 브러시가 있다.

5) 쿠션 브러시(chshion brush)

헤어스타일의 마무리 단계에 사용하는 브러시로 사용하기도 하고 모발을 자연스럽게 방향성을 주고자 할 경우와 모발의 면에 윤기를 부여하고자 할 경우에 사용하는 업스타일용 브러시이다.

2. 콤의 종류

1) 덕테일 콤(꼬리빗, ducktail comb)

업스타일을 할 경우에 섹셔닝 한 후 백 콤을 넣어 볼륨을 주고자 할 경우와 매쉬를 정교하게 정리하고, 모발 끝의 방향성을 주고자 할 경우 사용한다. 재질로는 나무 재질과 플라스틱 재질로 되어있다.

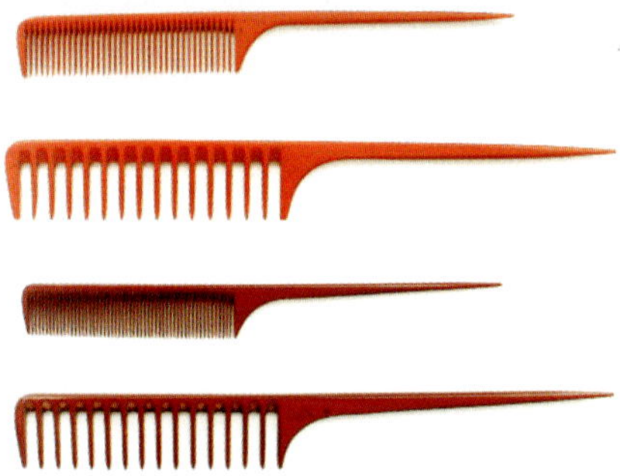

2) 스타일링 콤(styling comb)

헤어스타일을 최종적으로 정리할 때 사용하는 브러시로서, 스타일링을 강조할 부분에 사용하는 브러시이다. 앞머리를 세우거나 볼륨을 주고자 하는 부분에 브러시를 고정한 상태에서 미스트나 스프레이로 정리한다. 업스타일, 컨슈머 스타일, 헤어바이 나이트 등의 스타일에 사용한다.

3. 핀의 종류

1) 보비핀(실핀)

Bobby pin은 업스타일에 특히 많이 사용하는 핀으로 스타일을 내기 위해 스트랜드를 고정할 때 모발의 면과 면을 정확하고 튼튼하게 고정시키는데 용이하다.

2) 스몰핀

보비핀과 같은 모양이지만 크기가 작으며 머리숱이 적은 부분이나 힘이 없는 모발과 과다한 볼륨감을 감소시키고자 할 경우에 사용하며 가볍게 모발을 고정시키는데 용이하다.

3) 털핀

핀의 다리 중간 부분에 파상모양으로 구부러져 있어 마무리 단계에 벌어진 곳들을 연결, 고정시킬 경우 잘 빠지지 않아 고정력이 있다.

4) 유핀(U핀-대)

많은 양의 모발을 힘 있게 고정시키거나 모다발 깊숙이 꽂을 수 있으며 헤어싱을 고정하는데 필요하다. 핀 사용 시 모발에서 쉽게 빠지는 것을 방지하기 위해 한쪽을 구부려서 사용할 수 있다.

5) 유핀(U핀-중)

업스타일을 마무리 할 경우에 컬과 컬 사이, 뱅과 뱅 사이를 고정하기 위해 사용한다.

6) 유핀(U핀-소)

업스타일 마무리 단계에서 면의 균열을 방지하거나 뱅과 컬이 면에 고정되어 있지 않을 경우에 사용 가능하며 유핀의 대, 중과 같은 용도로 사용할 수 있다. 특히 모발숱이 적은 부분에 벌어진 면을 연결시키거나 면과 면을 자연스럽게 연결시키는데 사용하고, 모발술이 적은 부분에 사용한다.

7) 핀컬핀

어느 한 부분에 웨이브를 연출하고자 할 경우와 섬세하게 모양을 잡고자 할 경우에 흐트러지지 않도록 일시적으로 고정하는데 사용한다.

8) 플랫핀

완성 단계에 있는 머리모양이 끝날 때 까지 싱글핀 또는 핀컬핀에 단단한 판넬을 붙여서 핀의 자국이 없이 업스타일을 임시로 고정시킬 때 사용한다.

9) 더블핀

헤어스타일시 일시적으로 형을 만들고자 할 경우 사용하는 핀으로서 귀 뒷부분이나 앞이마 부분과 네이프 부분 등에 사용할 수가 있다.

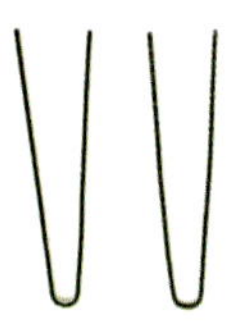

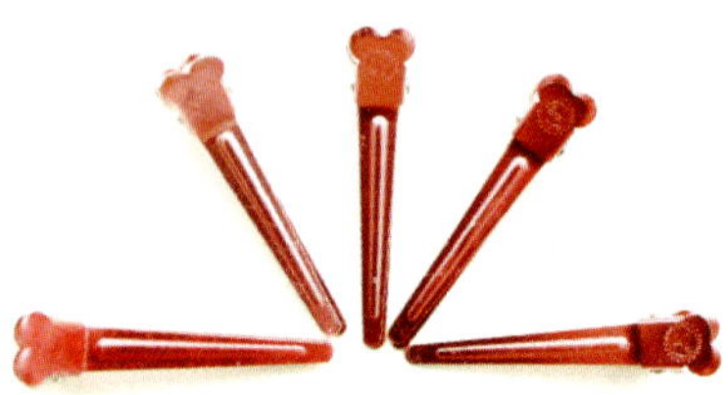

10) 핀셋

머리 다발이나 어떠한 형을 이룬 스트랜드를 임시 고정할 때 사용한다. 업스타일을 하기 위해 블로킹을 나눈 머리다발을 고정하기 위해서 사용한다.

11) 웨이브클립(wave clip)

헤어스타일의 완성 시 프론트나 사이드 부분에 웨이브의 릿지를 뚜렷이 하고자 할 경우에 사용한다.

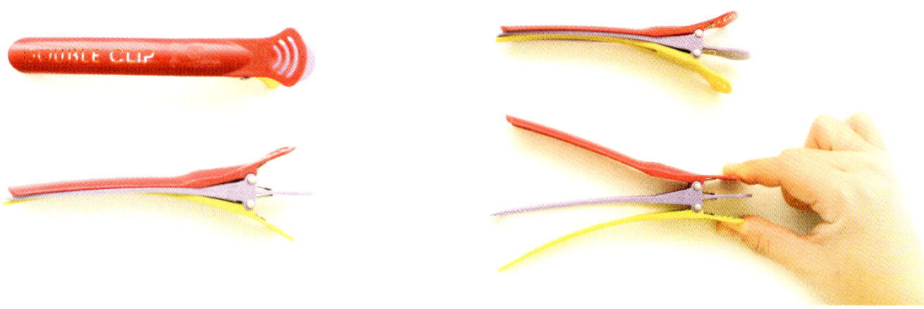

4. 헤어싱

업스타일의 경우 백콤으로 볼륨감 형성이 부족하여 입체감이 없을 경우에 이상적인 업스타일을 하기 위하여 헤어싱을 사용한다. 또한 두상의 결점을 보완하기 위해 보조머리로 모발색상과 흡사한 색을 선택하여 사용하기도 한다. 때로는 장식적인 의미를 부여하기 위해 모발색상과 상이한 색상을 선택하여 사용할 수 있다.

1) 헤어싱의 사용법

① 사용할 부위에 알맞은 크기의 헤어싱을 만든다.
② 헤어싱을 사용할 부위의 주변 모발에 백콤을 넣어둔다.
③ 헤어싱을 연결 고정한다.
④ 헤어싱을 연결한 부분의 스타일링 스프레이를 분무하면서 형태를 보정한다.
⑤ 백콤을 넣어 둔 모발로 형태를 조화롭게 보강한다.
⑥ 업스타일을 완성한다.

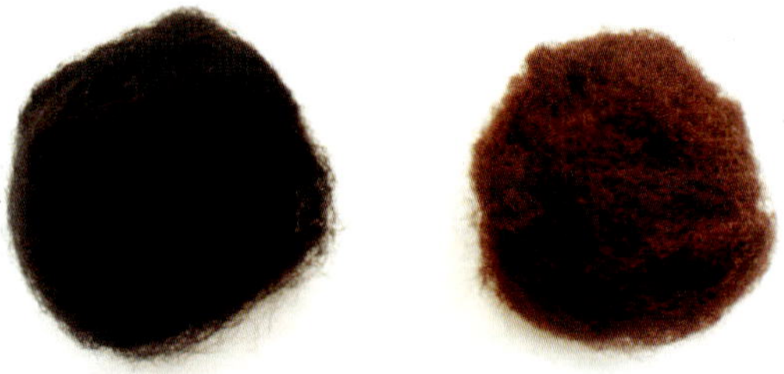

5. 헤어망

업스타일 시술 시 잔모발이 많거나 모발이 뻗치고 모량이 많을 경우에 중량감으로 핀 고정에 어려움이 따르므로 사용할 수 있다. 시뇽(chignon)이나 컬의 형태를 보정하고 안정감 있게 고정할 경우에 사용할 수 있다. 특히 완벽한 스타일을 구사할 수 있는 숙련도가 부족할 경우에 모발의 색과 같은 망을 사용하면 매끄럽게 완성할 수 있다.

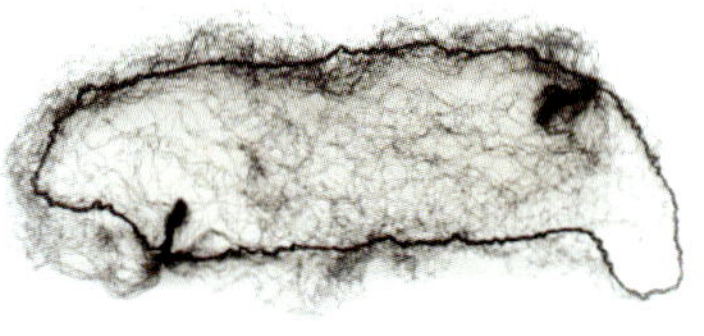

6. 부분가발

업스타일 시 모발의 길이에 관계없이 다양한 부분가발을 사용하여 원하는 스타일을 연출할 수 있다.

1) 헤어피스(hair piece)

하이헤어패션 스타일에 부분적으로 포인트를 주고자 할 때 사용한다.

2) 탑 피스(top piece)

전두부의 모량이 적어 원하는 웨이브와 볼륨을 형성시키기 못할 경우에 사용하여 만족하는 스타일을 완성할 수 있다.

3) 폴 피스(fall piece)

짧은 모발을 원하는 스타일로 하기 위해 일시적으로 사용하여 업스타일을 연출하기에 용이하게 한다.

4) 위글렛(wiglet)

탑 피스와 같은 용도로 사용이 가능하며 여러개를 동시에 사용할 수 있다.

5) 캐스캐이드(casscade)

길고 우아하며 볼륨감 있는 헤어스타일을 연출하고자 할 때 사용한다.

6) 스위치(switch)

원하는 헤어스타일에 맞게 꼬거나 땋아서 연출할 수 있다.

7) 줄피스

원하는 작품에 맞게 제작하여 원하는 컬러로 그라데이션하여 우아한 하이헤어패션 스타일을 연출할 수 있다.

7. 고전머리 장신구

고전머리 시술에 필요한 각종 장신구를 파악하여 고전머리 재연 또는 창작 시 적절하게 사용한다.

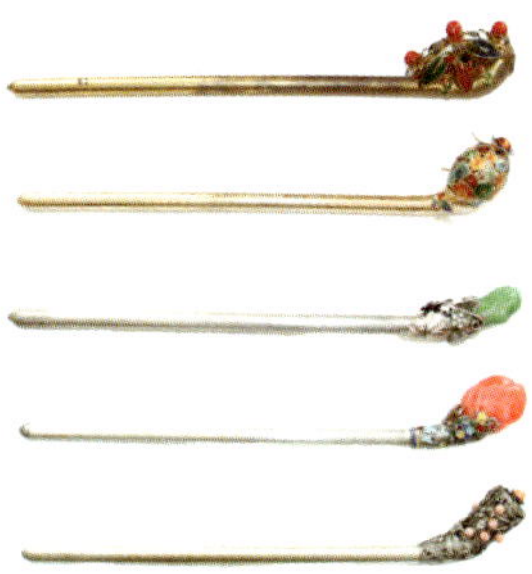

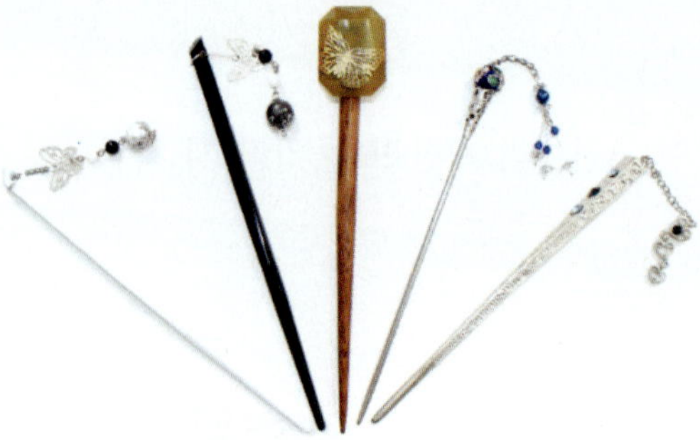

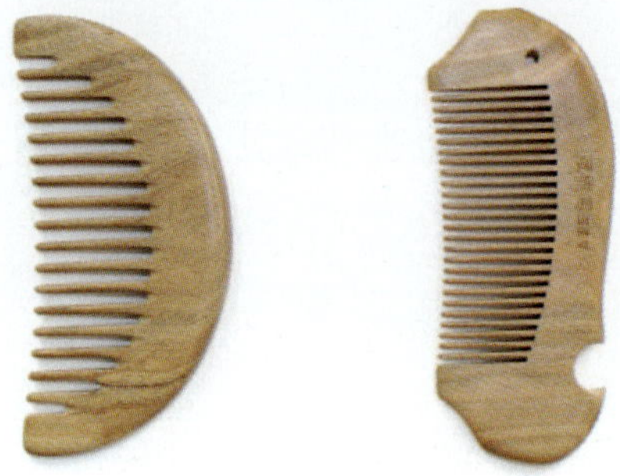

읽어보기

헤어 컬러를 아름답고 오래 지속시키는 방법

1. 앰플과 트리트먼트를 사용한다.

모발 염색 전에 트리트먼트제를 사용하면 모발 내부를 인위적으로 채워주는 효과와 더불어 1레벨 정도 더 밝아지는 효과가 있다,
앰플을 모발에 바르고 염색해주면 색상이 더욱 선명하고 샴푸를 하더라도 색소가 빠져나가는 것을 막아 색상을 오래 지속시킬 수 있다.

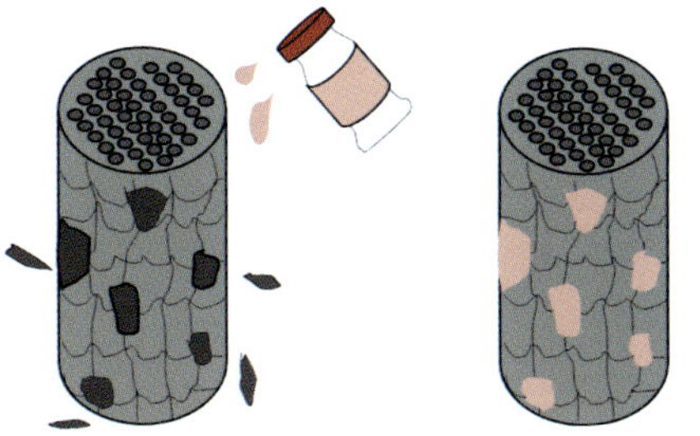

2. 염색 전용 샴푸를 사용한다.

염색의 색상이 퇴색되는 원인 중 가장 큰 원인이 샴푸이다. 염색은 알칼리성이며 일반 샴푸도 마찬가지로 약 알칼리를 띈다. 따라서 염색 후 일반 샴푸로 샴푸하게 되면 모발이 팽창하면서 색소가 빠져나올 우려가 크다.
이때 염색 전용 샴푸를 사용하면 염색 효과를 더욱 오랫동안 유지시킬 수 있다. 염색 전용 샴푸는 양이온 성분이 모발에 흡착해 색상을 선명하게 유지해준다. 염색 전용 샴푸로 붉은 색 모발에 30회 샴푸했을 때 일반 샴푸의 사용보다 색상의 퇴색이 훨씬 적게 나타난 연구결과도 있다.

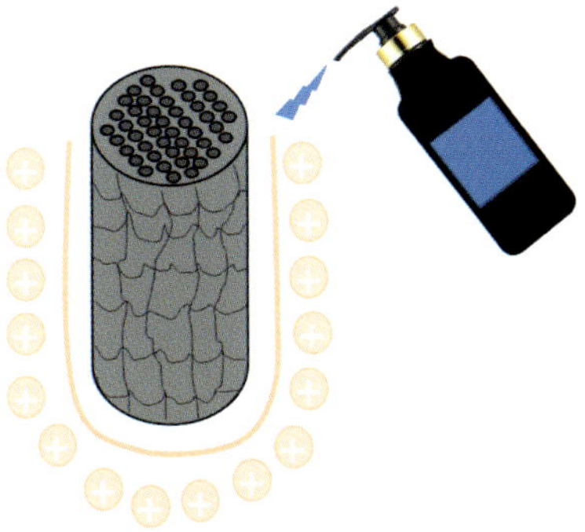

단원종합정리

01 사람마다 모발의 길이가 다르고 모량 또한 다르기 때문에 도구의 적합한 선택이 매우 중요하며 도구의 선택에 따라 깨끗한 질감처리와 방향성을 가진 아름다운 업스타일을 할 수 있다.

02 브러시의 종류는 덴맨 브러시, 롤 브러시, 금속성 브러시, 돈모 브러시, 쿠션 브러시가 있다.

03 콤의 종류는 덕테일 콤(꼬리빗), 스타일 콤이 있다.

04 핀의 종류는 보비핀, 스몰핀, 털핀, 유핀(대, 중, 소), 핀컬핀, 플랫핀, 더블핀, 핀셋, 웨이브클립이 있다.

05 머리조건에 따라 헤어싱이나 망, 부분가발을 적절하게 활용하여야 한다.

가로세로 낱말풀이

가로열쇠

1. 아치형의 고무판으로 된 받침대에 빗살이 균일하게 심어져 있는 브러시로 인컬, 아웃컬 시술에 용이하다.
2. 모발 건강을 지키기 위해서는 정기적으로 사용하는 것이 좋으며. 샴푸 후 모발의 끝부분 위주로 사용하는 것.
3. 드라이 시술 시 모발에 ○○은 10%로 한다.
4. 머리를 말리거나 드라이 시술 시 브러시와 함께 사용하는 기기.
5. 부분 가발의 한 종류이며 원하는 헤어스타일에 맞게 꼬거나 땋아서 연출하는 방법.

세로열쇠

6. 헤어스타일의 마무리 단계에 사용하는 브러시로 사용하기도 하고 모발을 자연스럽게 방향성을 주고자 할 경우와 모발의 면에 윤기를 부여하고자 할 경우에 사용하는 업스타일용 브러시이다.
7. 머리카락을 곧게 펴는 방법을 말하며, ○○○○ 펌의 경우 머리를 갈라 가지고 판대기에 붙여서 액을 칠하는 방법을 취하게 된다.
8. 물이나 중화제 같은 액체 물질을 펌핑하여 노즐을 통해 용액을 분사하거나 안개처럼 뿜어내는 기구이다.
9. ○○○하는 작품에 맞게 제작하여 원하는 컬러로 그라데이션 하여 우아한 하이헤어패션 스타일을 연출 할 수 있다.
10. 머리의 일부에 붙여 길이를 더하거나 장식효과를 주는 인조 머리카락.

단원 형성 평가

01 아래 설명에 해당하는 브러시는 무엇인가?

모발에 텐션과 윤기를 부여하고 모근에 볼륨감을 형성하면서 헤어디자인라인을 아름답게 표현하고자 할 때 사용한다.

① 덴맨 브러시 ② 롤 브러시 ③ 쿠션 브러시 ④ 금속성 브러시

02 아래 그림에 해당하는 브러시는 무엇인가?

① 금속성 브러시
② 덴맨 브러시
③ 쿠션 브러시
④ 돈모 브러시

03 핀의 종류를 나열하고 그에 맞는 사용방법을 서술하시오.

04 헤어싱 사용방법을 설명하시오.

05 업스타일 시술 시 잔머리가 많거나 모발이 뻗치고 모량이 많을 경우 사용되는 것으로 컬의 형태를 보정하고 안정감있게 고정할 수 있는 도구는 무엇인가?

① 헤어피스 ② 헤어망 ③ 스위치 ④ 헤어싱

Part Ⅳ

업스타일의 이해

단원 소개

이 장에서는 업스타일을 시술하기 위한 두상의 기준점 명칭을 익히고 업스타일 시술 전 기초기법인 세팅, 토대의 위치, 토대를 만드는 방법을 학습하기로 한다. 또한 업스타일 시 볼륨을 부여하기 위한 백콤법을 숙지한다.

CHAPTER 06

두상의 명칭 및 섹션

학/습/목/표

- 두상의 기준점 명칭을 설명할 수 있다.

1. 두상의 명칭

헤어스타일에 있어서 두상의 기준점에 따라 볼륨의 정도가 달라진다.

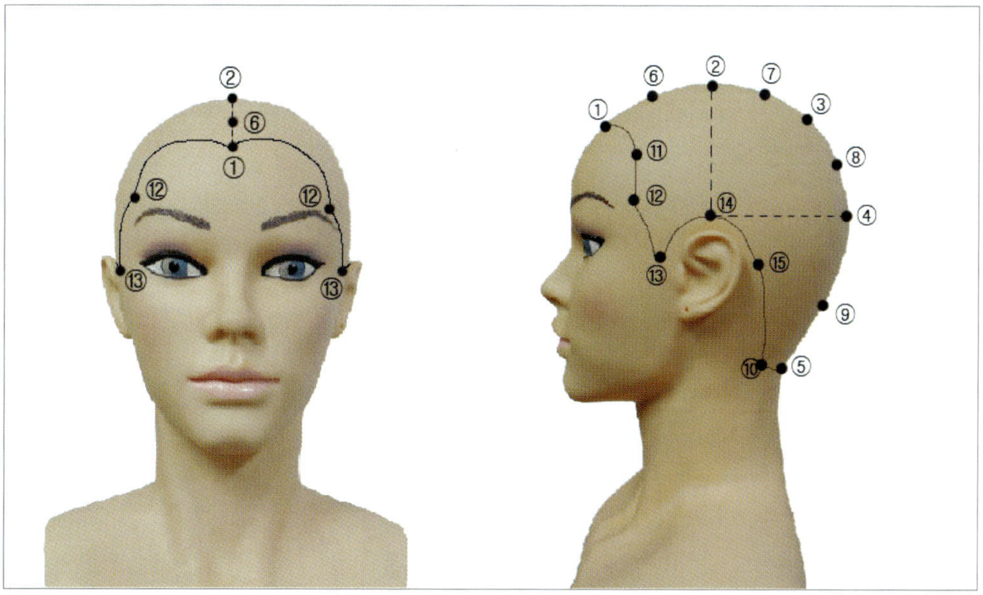

두상의 기준점

2. 두상의 기준점 명칭

번호	약어	명칭
①	C.P	Center Point(센터 포인트)
②	T.P	Top Point(탑 포인트)
③	G.P	Golden Point(골덴 포인트)
④	B.P	Back Point(백 포인트)
⑤	N.P	Nape Point(네이프 포인트)
⑥	C.T.M.P	Center Top Medium Point(센터 탑 미디움 포인트)
⑦	T.G.M.P	Top Golden Medium Point(탑 골덴 미디움 포인트)
⑧	G.B.M.P	Golden Back Medium Point(골덴 백 미디움 포인트)
⑨	B.N.M.P	Back Nape Medium Point(백 네이프 미디움 포인트)
⑩	N.S.P	Nape Side Point(네이프 사이드 포인트)
⑪	F.S.P	Front Side Point(프론트 사이드 포인트)
⑫	S.P	Side Point(사이드 포인트)
⑬	S.C.P	Side Corner Point(사이드 코너 포인트)
⑭	E.P	Ear Point(이어 포인트)
⑮	E.B.P	Ear Back Point(이어 백 포인트)

CHAPTER 07

업스타일의 기초실기

학/습/목/표

- 업스타일을 위한 기초기법을 설명할 수 있다.
- 백콤 방법을 설명할 수 있다.
- 토대 만드는 법을 설명할 수 있다.

1. 업스타일의 사전작업

1) 업스타일의 기초 기법

세팅은 업스타일을 하기 위한 사전작업으로 모류의 방향이나 볼륨 등을 감안하여 업스타일의 디자인과 모발의 길이와 양에 따라 롤의 굵기, 스템(stem)의 각도, 스템의 방향, 텐션과 타임 등을 고려하여 작업하여야 한다.

(1) 오리지널 롤러 컬(original roller curl)

롤러 컬은 원형 롤러를 사용하여 자연스럽고 부드러운 웨이브를 형성시키는 것으로서 퍼머넌트와 스트레이트 한 모발에 사용이 가능하다. 롤러 컬은 전기로 가열하여 이용하는 것과 가열하지 않고 와인딩(winding) 한 후 전기 기구를 사용하는 방법이 있다.

2) 롤러 컬의 와인딩 기법

(1) 전기 세팅기

현재 가장 많이 사용하는 전기 세팅 롤러로서 열을 가열하여 빠른 시간 내에 웨이브를 만들 수 있는 장점이 있으며 업스타일 디자인에 따라 웨이브의 크기를 롤러의 크기로 조절할 수 있다.

(2) 셋팅롤

세트롤로 와인딩한 후 후드 타입의 드라이어를 사용하여 웨이브를 형성시킨다. 이때 웨이브의 형성을 도와주기 위해 제품을 사용해서 와인딩하면 도움이 된다.

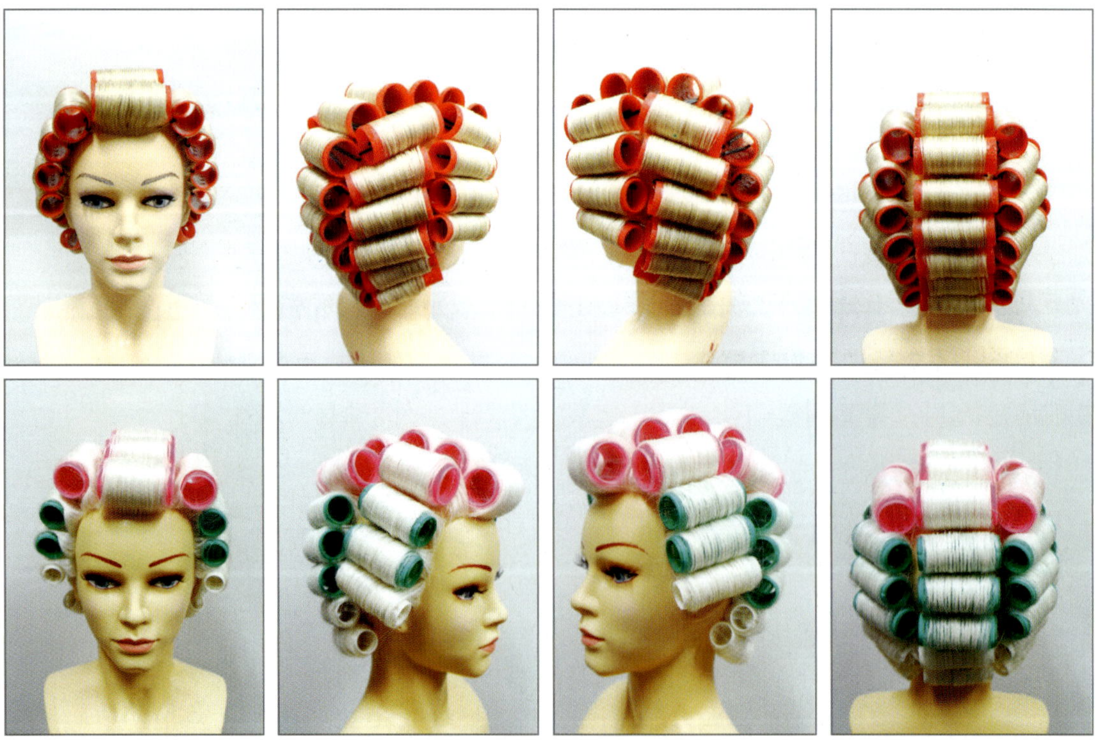

(3) 앞머리 와인딩 기법

① 왼쪽 파트 와인딩 기법

② 오른쪽 파트 와인딩 기법

③ 가운데 파트 와인딩 기법

2. 백콤

볼륨있는 업스타일을 하기 위하여 스트랜드(strand)의 모근쪽을 향해 수직으로 빗질하여 모발을 세워 풍성하게 하기 위한 테크닉으로 꼬리빗이나 브러시를 사용할 수 있다. 백콤은 업스타일 디자인의 표면 안쪽에서 시술해야 한다.

(1) 탑 부분은 90˚ 각도로 백콤

(2) 수직(vertical)으로 90˚ 백콤

(3) 수평(horizontal)으로 90 ˚ 백콤

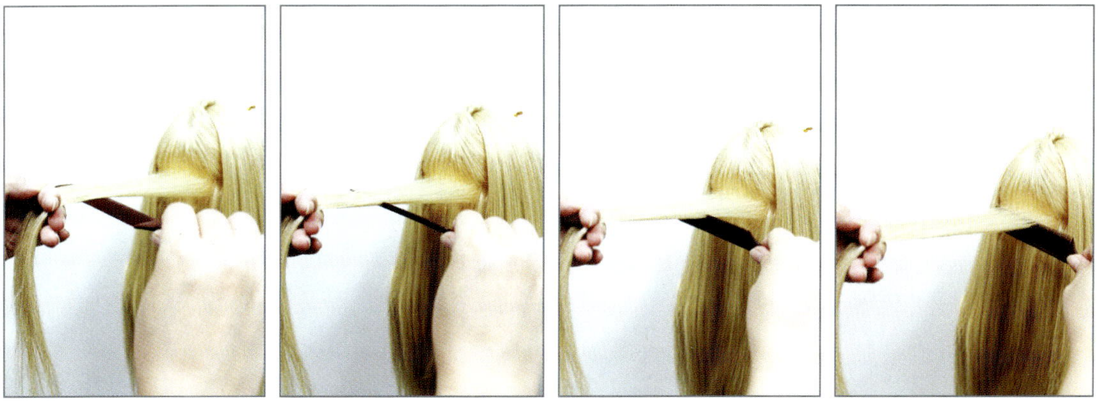

(4) 다운스템 45 ˚ 로 백콤

3. 토대 만들기

업스타일 디자인에 알맞게 고정하고자 할 경우 토대를 만들면 핀을 정확히 고정시킬 수가 있다. 또한 토대의 모발이 베이스가 되어 그 부분에 헤어싱의 사용으로 볼륨감을 얻을 수가 있다. 일반적으로 많이 사용하는 토대는 골덴 포인트 1/3에서 백 포인트와 연결한 역삼각형의 형이다.

포니테일 스타일과 시뇽 스타일을 할 경우 묶어서 토대를 만드는 방법으로 고무밴드를 이용하여 단단하게 묶는다. 이때 고무밴드는 하나를 사용할 수 있으며, 2개를 연결하여 사용할 수도 있다. 고무줄에 보비핀을 끼워서 사용하면 편리하다.

묶는 토대

세가닥 땋은 토대

버티컬 롤 토대

꼬기 토대

직무수행능력 평가

- 업스타일의 사전기법을 완성해보자

이름		학번	
실 습 과 정			
※ 이곳에 실습과정 사진을 붙이세요.			
◎ 실습과정 중 어려웠던 점			
◎ 해결방안			

구분	평가내용	평가결과		
		상	중	하
사전준비	실습을 위한 사전 준비가 잘 되었는가?			
이해력	롤러 컬의 종류와 차이점에 대해 이해하였는가?			
	백콤 시술시 위치에 대한 각도에 대해 이해하였는가?			
	토대를 만들 때 사용하는 2가지 방법을 이해하였는가?			
수행능력	각각의 사전기법들이 상황에 맞게 잘 되었는가?			
수행결과	결과물이 완벽하게 완성되었는가?			

읽어보기

임산부에게 염색과 펌은 괜찮을까?

펌과 염색, 스트레이트 약에는 여러 가지 화학약품이 혼합되어 있다.
또한 장시간 약품의 냄새를 맡으면서 앉아 있어야 하기 때문에 권장하지 않는다. 그러나 불가피하게 시술을 해야하는 경우에는 임신 중기 이후부터 하는 편이 좋다. 그래도 걱정된다면 천연염색이나 호일을 이용한 하이라이트시술을 권한다. 그리고 약품이 최대한 두피에 닿지 않도록 시술한 후에 샴푸를 꼼꼼하게 함으로써 두피에 염색제가 남지 않게 씻어낸다.

천연염색제

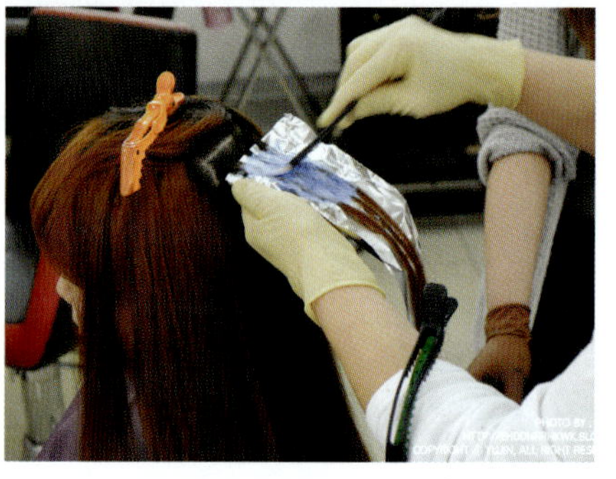

호일워크 하이라이트 시술

단원종합정리

01 업스타일을 하기 위한 사전작업은 롤러 컬을 사용하는 것으로 세팅이라고 한다.

02 롤러 컬은 원형 롤러를 사용하여 자연스럽고 부드러운 웨이브를 형성시키는 것으로서 퍼머넌트와 스트레이트 한 모발에 사용이 가능하다. 롤러 컬은 전기를 가열하여 이용하는 것과 가열하지 않고 와인딩(winding) 한 후 전기 기구를 사용하는 방법이 있다.

03 백콤은 볼륨있는 업스타일을 하기 위하여 스트랜드를 모근쪽을 향해 수직 또는 수평 등으로 빗질하여 모발을 세워 풍성하게 하기 위한 테크닉이다.

04 토대는 업스타일 디자인에 알맞게 고정하고자 할 경우 핀을 정확하게 고정시키기 위해 만들어 준다. 또한 토대의 모발이 베이스가 되어 그 부분에 헤어싱을 사용하여 볼륨감을 얻을 수가 있다.

05 토대의 종류는 묶기 토대, 땋기 토대, 꼬기 토대, 버티컬 롤 토대가 있다.

가로세로 낱말풀이

가로열쇠

1. 두상의 제일 높은 지점
2. 업스타일 디자인에 알맞게 고정하고자 할 경우 토대를 만들면 핀을 정확히 고정시킬 수가 있다. 또한 토대의 ○○이 베이스가 되어 그 부분에 헤어싱의 사용으로 볼륨감을 얻을 수가 있다.
3. 오리지널 세트 후 hair style의 마무리 단계로서 빗질로서 완성한다. reset과정을 ○○○에는 brush out과 comb out으로 나눌 수 있다.
4. 업스타일 시 빠른 시간 내에 자연스러운 웨이브를 만들기 위해 ○○○○○를 사용하여 웨이브를 만들 수 있다.
5. ○○○○○○○은 원형 롤러를 사용하여 자연스럽고 부드러운 웨이브를 형성시키는 것으로서 퍼머넌트와 스트레이트 한 모발에 사용이 가능하다. 롤러 컬은 전기를 가열하여 이용하는 것과 가열하지 않고 와인딩(winding) 한 후 전기 기구를 사용하는 방법이 있다.

세로열쇠

6. 탑 포인트와 백 포인트의 중간 지점
7. 세팅을 업스타일을 하기 위한 사전작업으로 ○○방향이나 볼륨 등을 감안하여 업스타일을 디자인하여야 한다.
8. 볼륨 있는 업스타일을 하기 위하여 스트랜드를 모근쪽을 향해 수직으로 빗질하여 모발을 세워 풍성하게 하기 위한 테크닉으로 꼬리빗이나 브러시를 사용할 수 있다.
9. 스트레이트나 웨이브를 만들기 위한 모발용 인두. ○○○펌에 사용하는 가위 모양으로 된 도구로서, 열에 의해서 펴거나, 웨이브를 만든다.
10. 세팅은 업스타일을 하기 위한 사전작업으로 모류의 방향이나 볼륨 등을 감안하여 업스타일의 디자인과 모발의 길이와 양에 따라 ○○○의 굵기, 스템의 각도, 스템의 방향, 텐션과 타임 등을 고려하여 작업하여야 한다.

단원 형성 평가

01 두상의 기본 15포인트를 기입하시오.

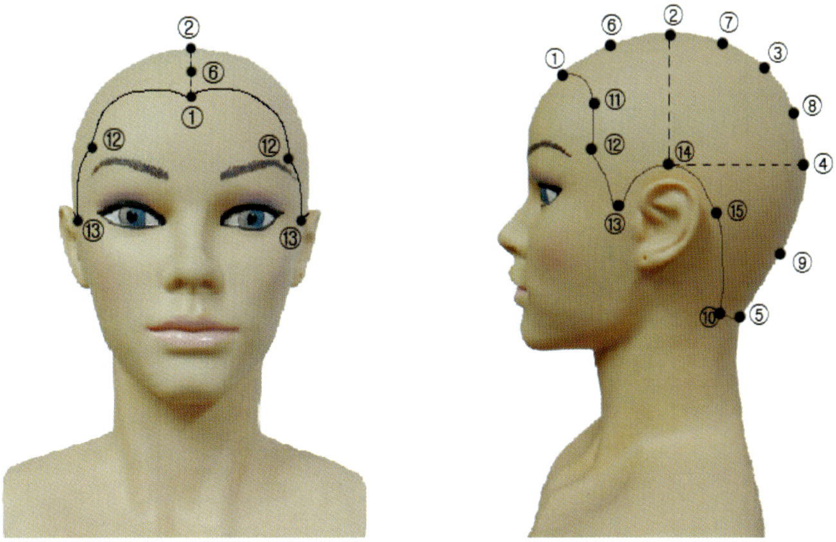

02 세팅은 업스타일을 하기 위한 사전작업으로 (　　　　　　)이나 (　　　　　)등을 감안하여 업스타일을 디자인하여야 한다.

03 볼륨있는 업스타일을 위하여 스트랜드의 모근쪽을 향해 수직 빗질하여 모발을 세우는 기법을 무엇이라 하는가?

① 셋팅　　② 와인딩　　③ 백콤　　④ 텐션

04 세트롤로 와인딩 후 어떤 방법으로 웨이브를 형성시키는가?

05 아래 그림에 해당하는 토대는 무엇인가?

① 버티컬 롤 토대
② 꼬기 토대
③ 포니테일 토대
④ 땋기 토대

Part V

베이직·크리에이티브 업스타일의 실제

단원 소개

본 장에서는 앞서 part Ⅰ장, Ⅱ장, Ⅲ장, Ⅳ장에서 배운 업스타일의 이론과 업스타일 디자인 이론 및 실기 기초과정을 숙지하고 실제 업스타일 제작을 함으로서 추후 산업현장에서 활용할 수 있다.

CHAPTER 08

땋기 기법

➔ 학/습/목/표

- 땋기 기법을 익힌 후 땋기 디자인을 연출할 수 있다.

1. 땋기 기법 개념

땋기는 세 가닥, 다섯 가닥, 일곱 가닥, 아홉 가닥 등 여러 가지 크기와 형태로 할 수 있으며 원하는 업스타일 디자인에 강조 또는 입체적인 효과를 주기 위해서 땋기 기법을 활용한다. 의상과 연령, 장소에 관계없이 다양하게 연출할 수 있는 기법이다.

2. 베이직 업스타일 땋기 기법 1

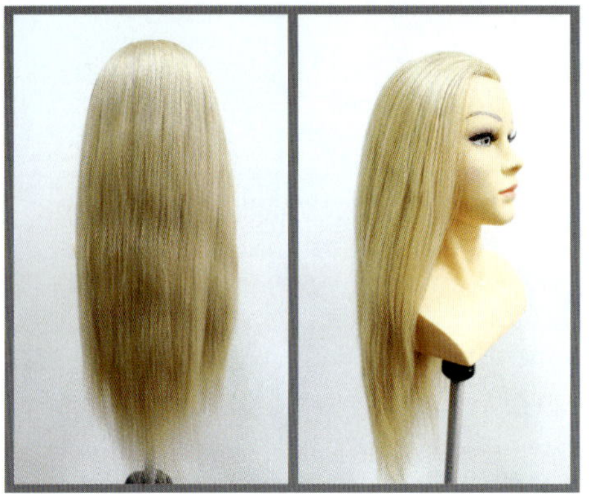

Before

After

1. 앞 이마 정중앙에서 삼각베이스(triangular base)의 섹션으로 한다.
2. 삼각베이스의 섹션을 세 개의 스트랜드(strand)로 나눈다.
3. 중앙의 스트랜드가 겉으로 오게하고 양쪽 바깥 모발을 중앙의 스트랜드 아래로 교차시킨다.

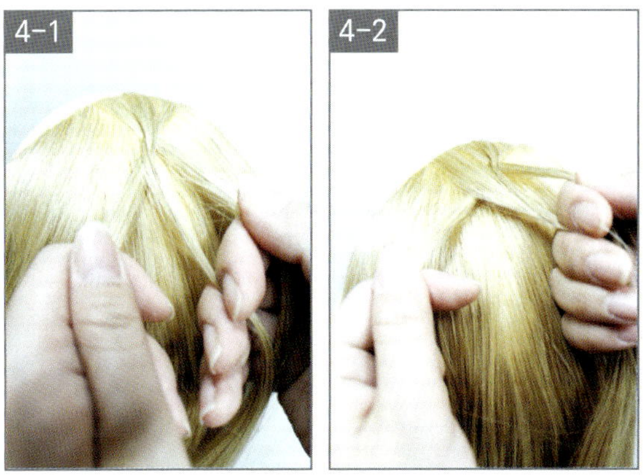

4. 좌, 우의 1.5~2cm 정도 섹션(section)을 떠서 정중선에서 교차되도록 한다.

5. 같은 방법으로 계속 땋아 내려간다. 골덴 포인트(golden point) 부분까지 계속 땋아 내려간다. 골덴 포인트 부분에서 자연시술각으로 땋아 내려간다.

6. 네이프 포인트(nape point) 밑으로 모발 끝까지 땋아 내려간다.

7. 모발 끝은 고무줄로 묶어서 액세서리를 사용하여 자연스럽게 내리거나 말아올려 네이프에 고정시킬 수 있다.

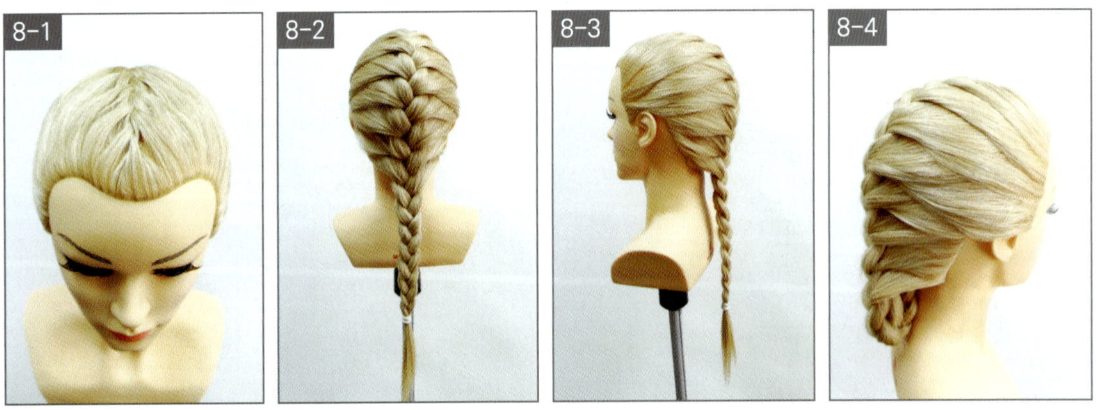

8. 완성작품

3. 베이직 업스타일 땋기 기법 2

Before

After

1. 앞 이마 정 중앙에서 삼각형의 섹션을 뜬 후 세 개의 스트랜드로 나눈다.
2. 중앙의 패널이 위로 오도록 잡아주고 중심의 모발 아래로 두 개의 스트랜드를 교차시킨다.

3. 오른쪽에서 섹션을 떠서 왼손의 잡고 있는 스트랜드 아래로 가져간 후 합쳐서 위로 올린다.

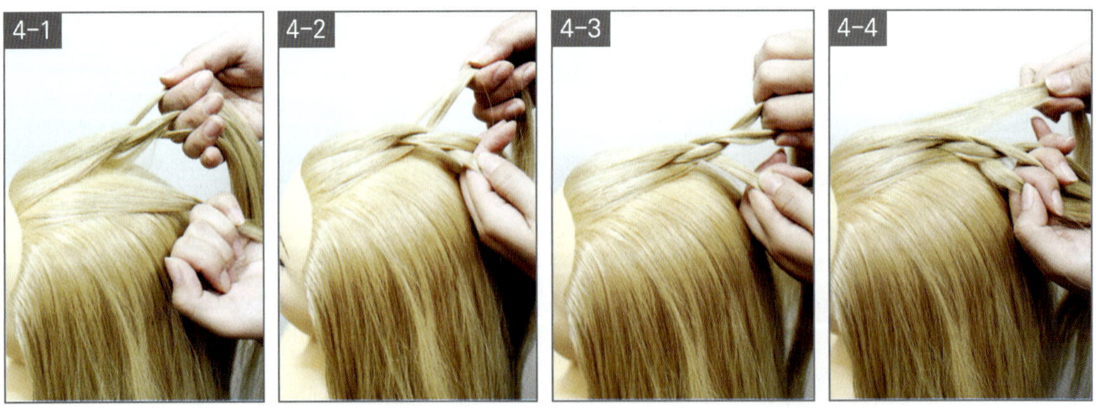

4. 왼쪽에서 섹션을 떠서 오른손의 잡고 있는 스트랜드 아래로 가져간 후 합쳐서 위로 올린다.
   오른쪽과 왼쪽을 번갈아가며 교차하여 반복 진행한다.

5. 골덴 포인트 부분에서는 자연시술각으로 네이프까지 계속 땋아내려 간다.

6. 모발 끝까지 같은 방법으로 계속 땋아 내려간다.

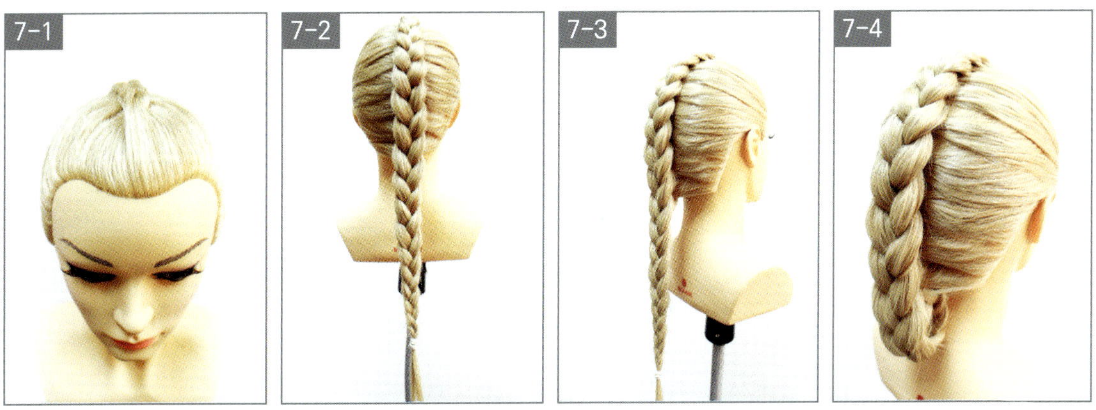

7. 완성작품(네이프로 말아올려 고정시킬 수도 있다)

4. 베이직 업스타일 땋기 기법 3

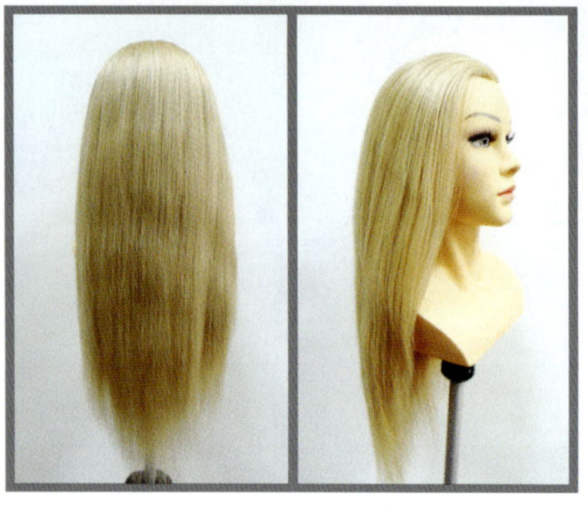

Before

After

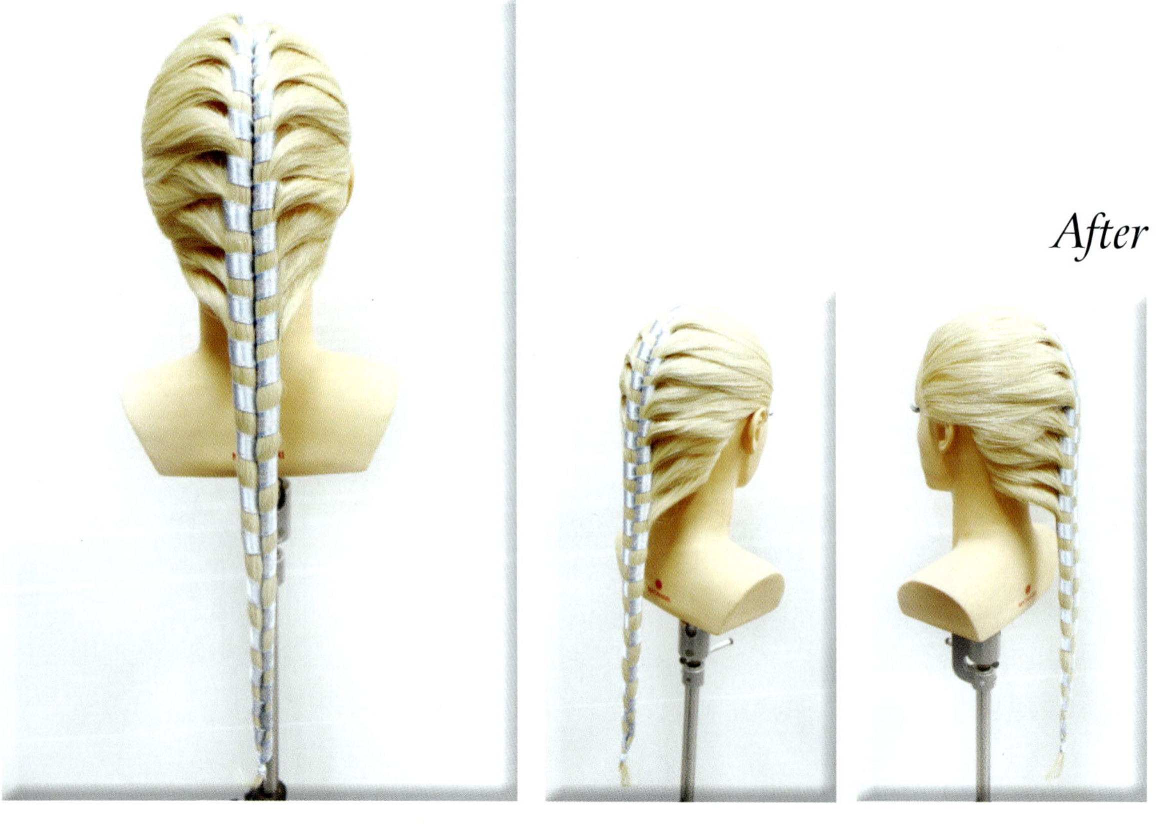

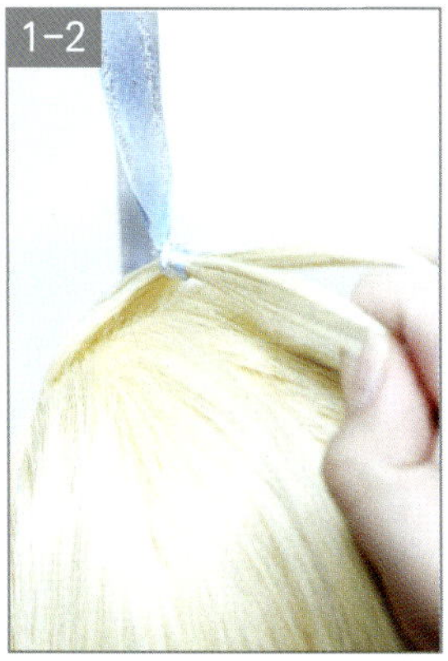

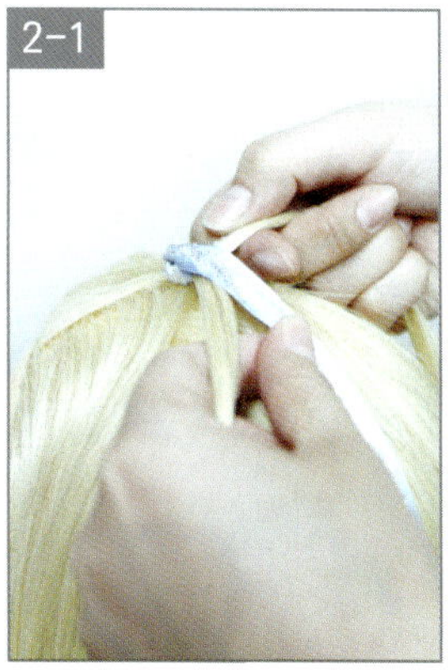

1. 앞이마 정 중앙에서 테이프로 묶을 정도의 모발을 삼각형으로 섹션을 뜬 후 테이프로 묶는다.
2. 묶은 모발을 두 개의 스트랜드로 나누고 나머지 한 개의 스트랜드는 테이프로 대신하여 세 가닥 땋기를 한다.

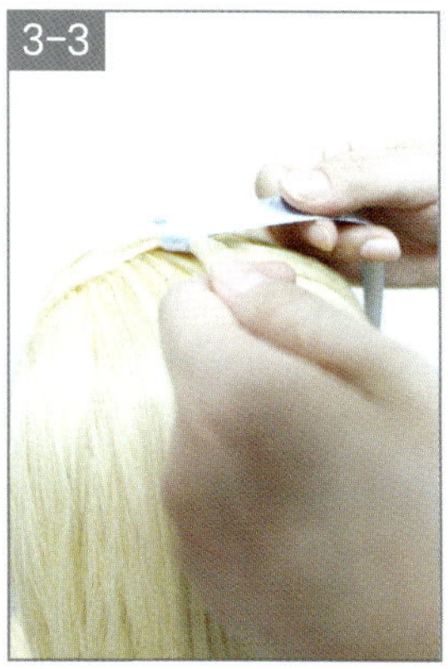

3. 왼쪽의 모발을 1.5cm 정도 섹션을 뜬 후 정중선으로 가져와서 합친 후 테이프로 감싸 준다.

4. 오른쪽 모발을 1.5cm 섹션을 뜬 후 정중선으로 가져와서 합쳐 테이프로 감싸준다.

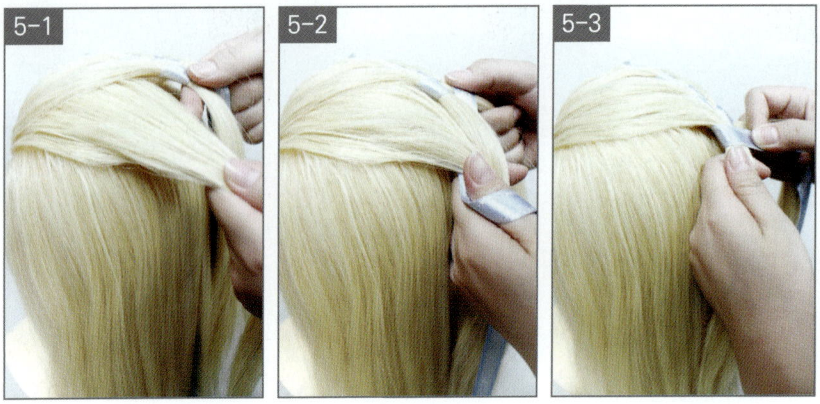

5. 동일한 방법으로 진행한다.

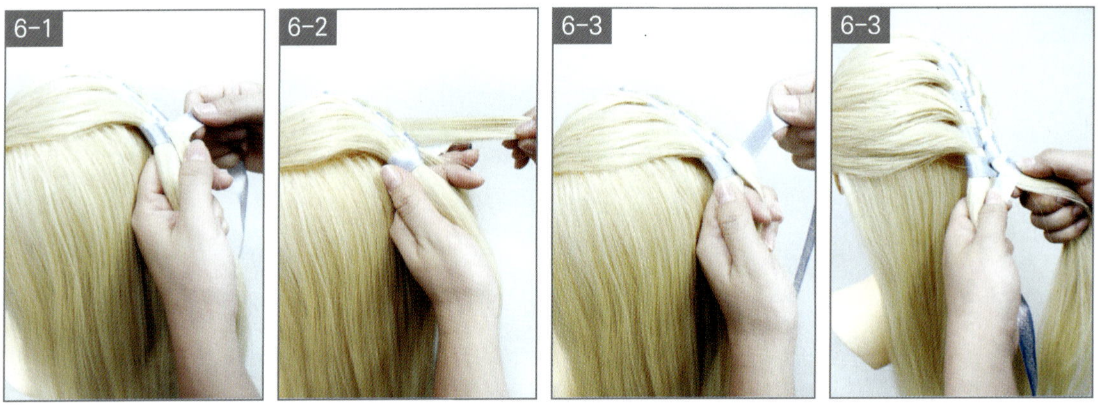

6. 골덴 포인트 부분에서 두상을 따라 계속 땋아내려 간다.

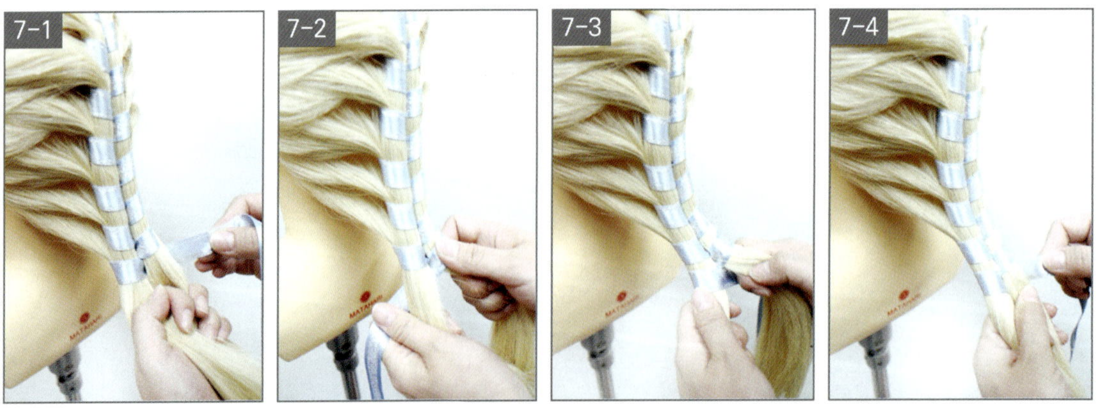

7. 네이프에 있는 모발을 다 땋은 후 두 가닥의 모발에 계속적으로 테이프만 이용하여 왼쪽, 오른쪽을 감싸준다.

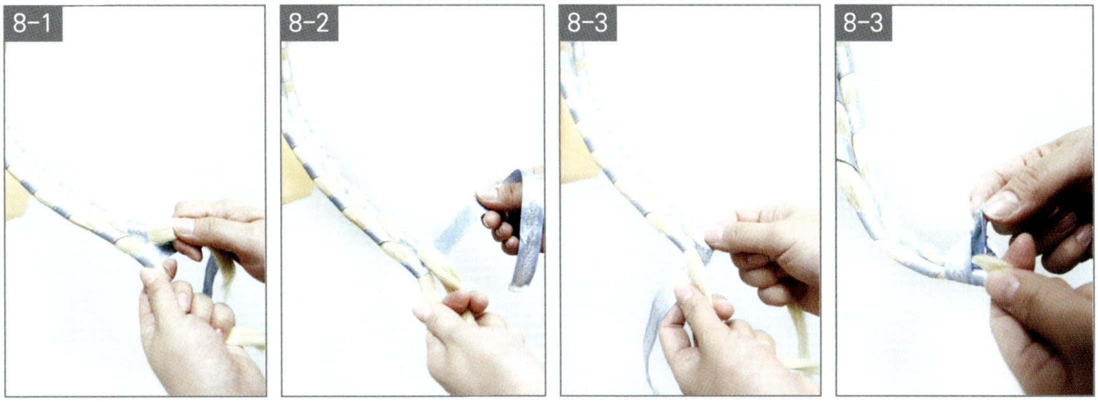

8. 전체를 다 땋은 후 모발 끝을 테이프로 고정한다.

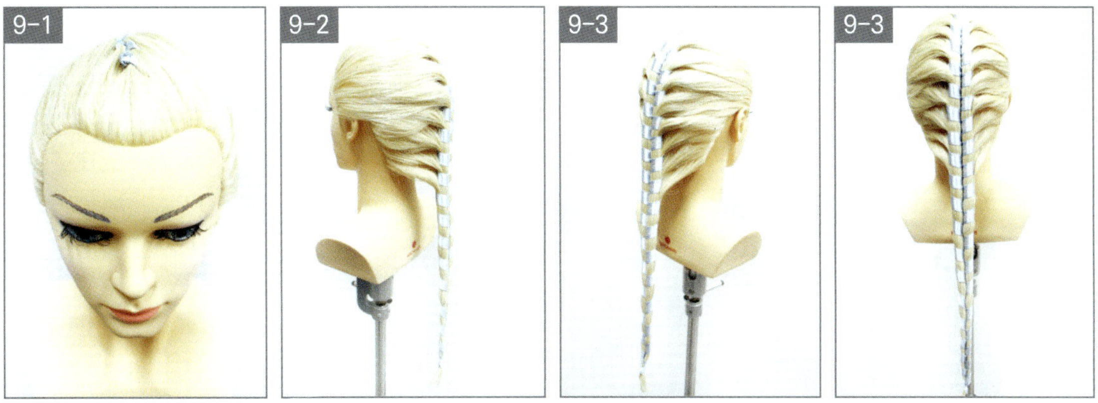

9. 완성작품

보충학습

브레이드 땋기(braid)기법에 색테이프를 이용하여 디자인한다.

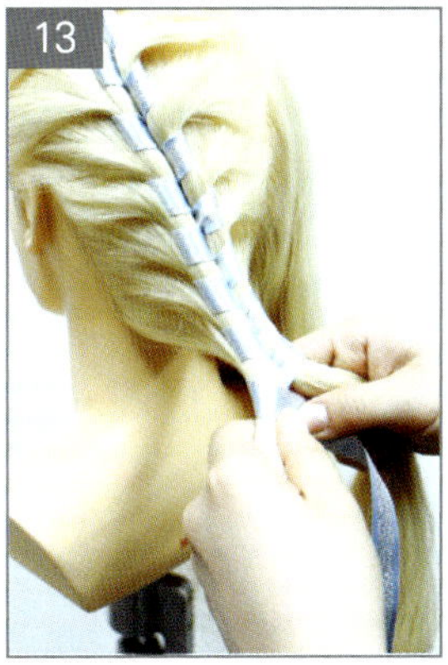
13

14

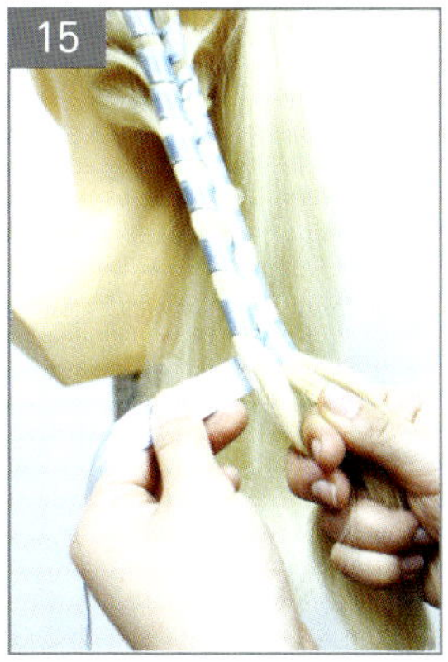
15

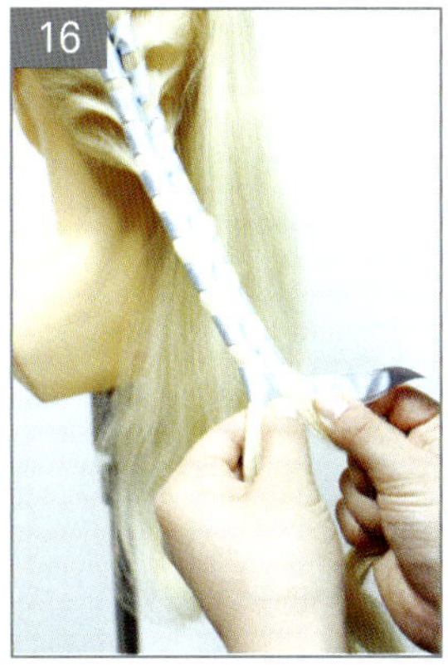
16

17

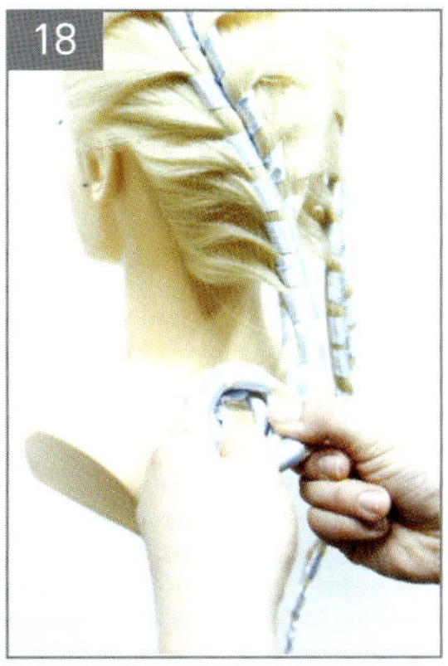
18

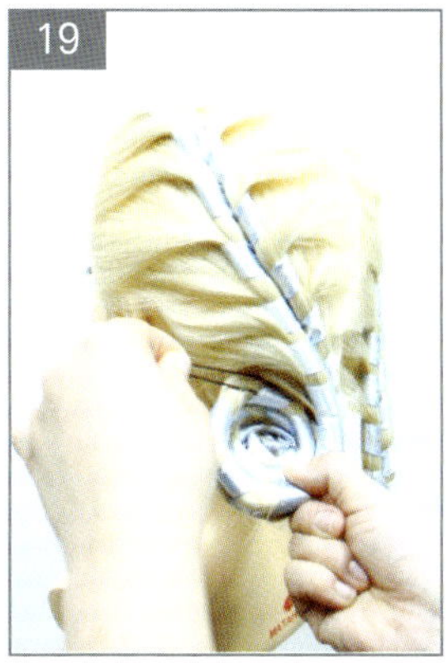
19

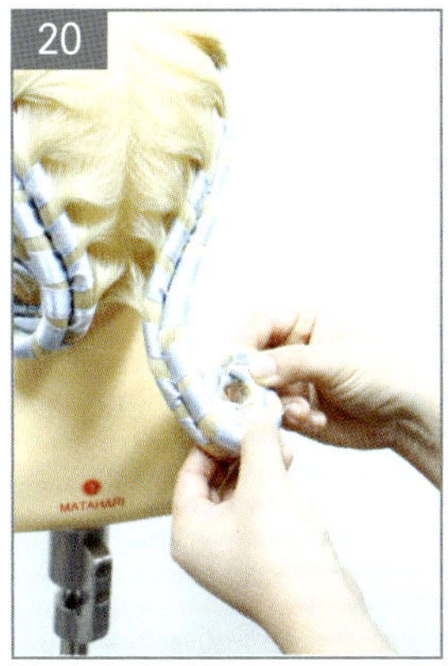
20

21

22

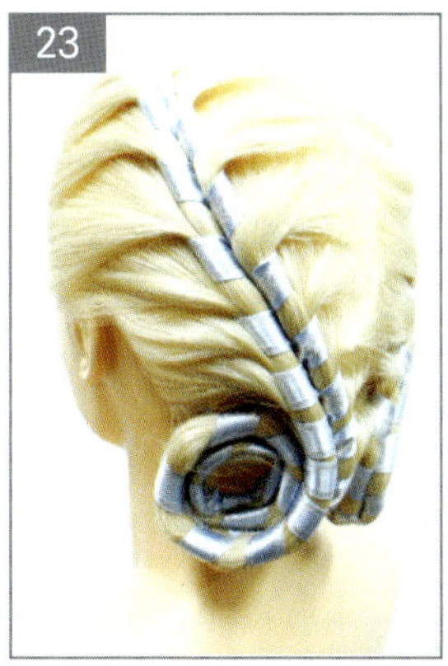
23

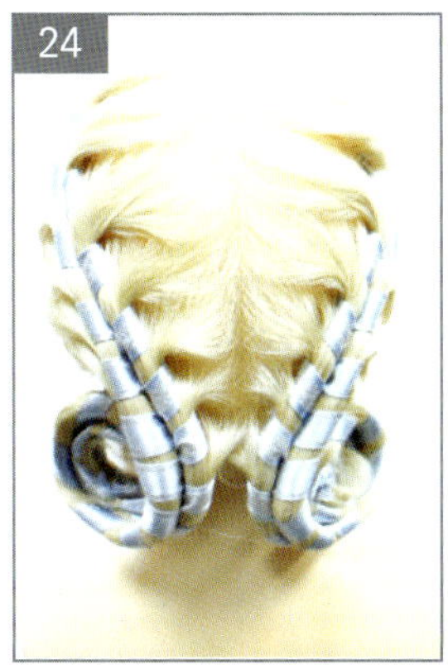
24

5. 크리에이티브 업스타일 땋기 기법 1

Before

After

1. 사이드 포인트(side point), 백 포인트(back point), 네이프 포인트(nape piont) 기준으로 3등분 블로킹을 나눈다.

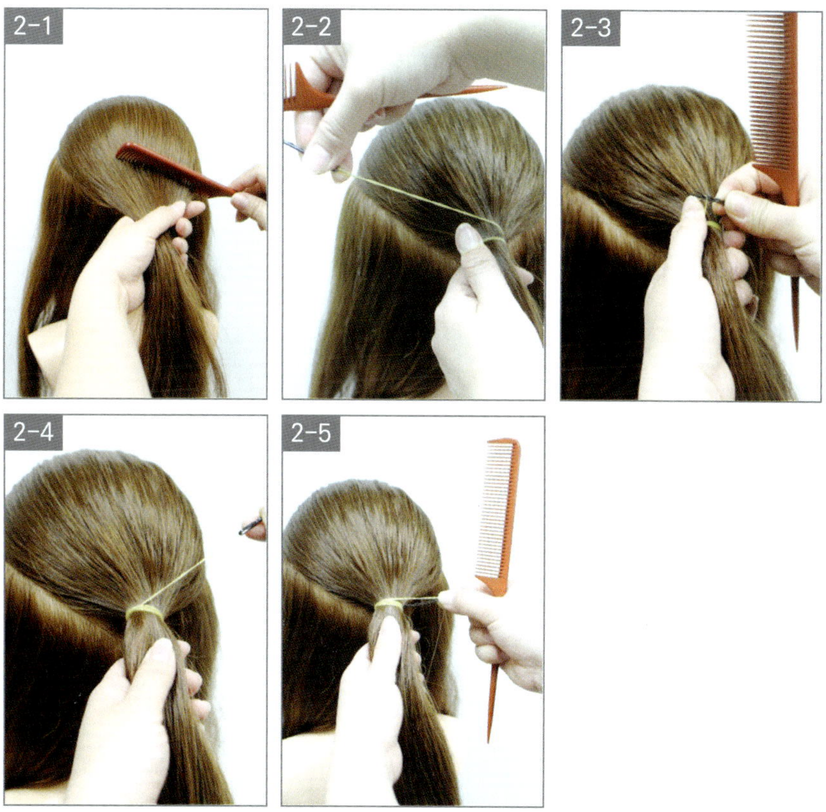

2. 전두부의 모발은 백 네이프 미디움 포인트 위치에 고무줄로 묶어준다.

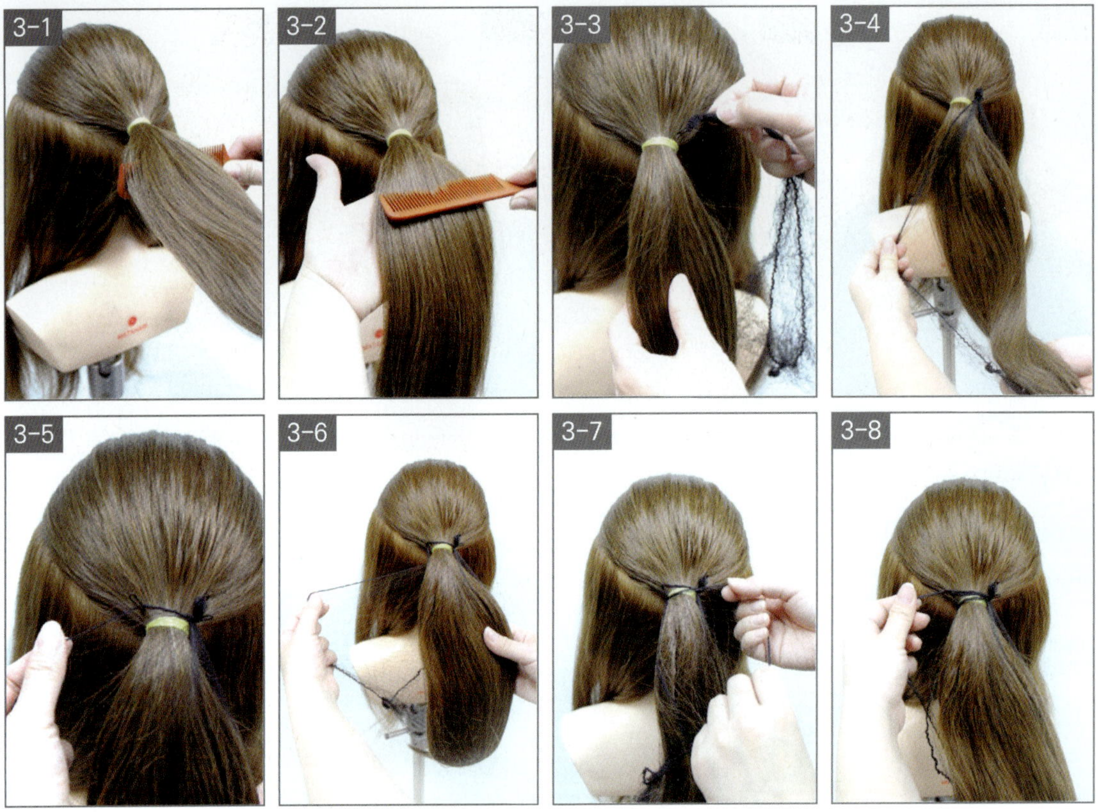

3. 묶은 스트랜드는 넓게 빗질하여 헤어망으로 감싸준다.

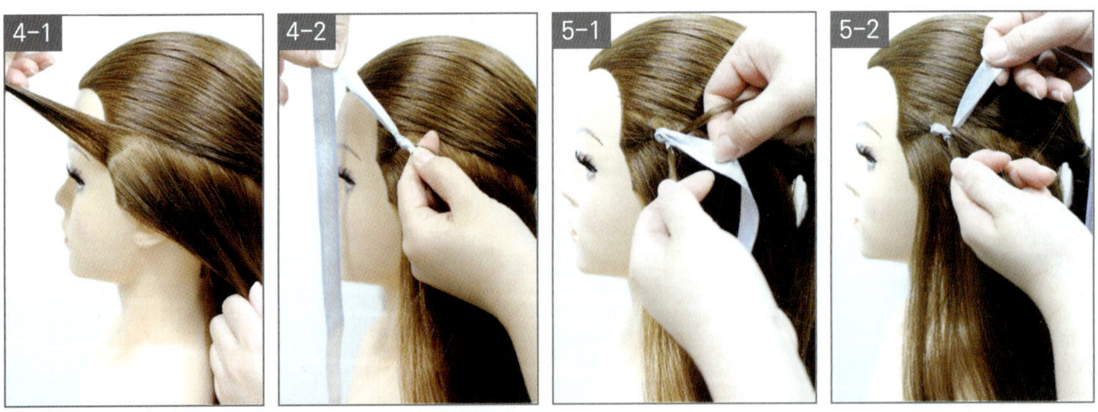

4. 사이드 포인트를 꼭지점으로 삼각베이스를 떠서 테이프로 묶어준다.
5. 묶은 모발을 두 개의 스트랜드로 나누고 나머지 한 개의 스트랜드는 테이프로 대신하여 세 가닥 땋기를 한다.

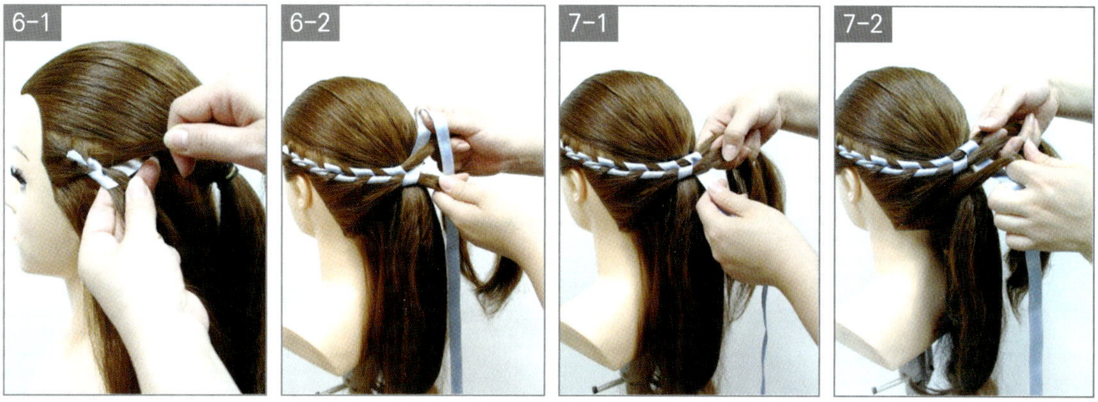

6. 왼쪽은 1.5 cm 정도 섹션을 뜬 후 왼쪽 스트랜드에 합쳐 테이프로 감싸주고 오른쪽의 스트랜드는 섹션을 뜨지 않고 테이프만 감싸준다.
7. 백 포인트에 위치한 토대를 향해 계속 땋아준다.

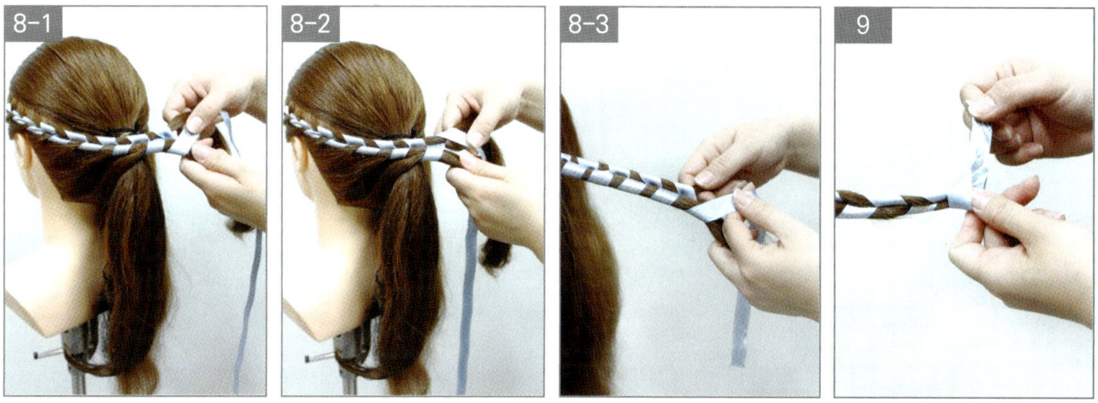

8. 네이프 포인트까지 섹션을 가져와 땋은 후 남은 두 가닥의 모발은 테이프만 이용하여 반복적으로 왼쪽, 오른쪽을 감싸준다.
9. 모발 끝은 테이프로 묶어준다.

10. 반대쪽도 같은 방법으로 진행하고 양쪽을 테이프로 다 땋은 후 고무줄로 묶은 토대를 감싸 핀으로 고정한다.

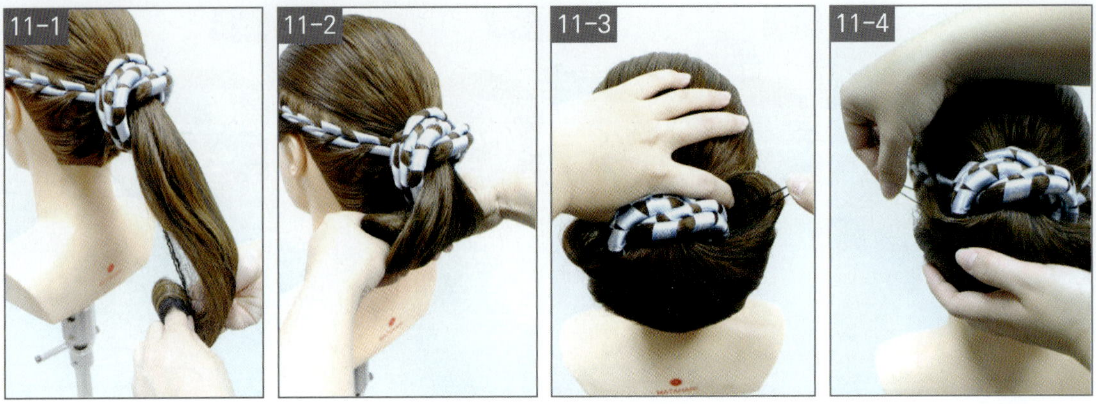

11. 헤어망으로 감싼 스트랜드는 모발 끝부터 말아 번 스타일(bun style)로 고정시킨다.

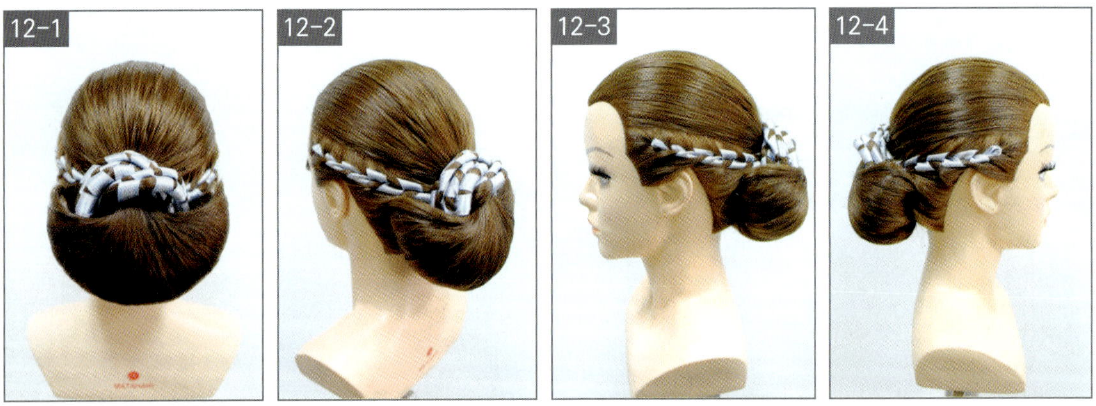

12. 완성작품

직무수행능력 평가

- 크리에이티브 업스타일 땋기 기법1을 완성해보자

<table>
<tr><td>이름</td><td></td><td>학번</td><td></td></tr>
<tr><td colspan="4">실 습 과 정</td></tr>
<tr><td colspan="4">※ 이곳에 실습과정 사진을 붙이세요.</td></tr>
<tr><td colspan="4">◎ 실습과정 중 어려웠던 점</td></tr>
<tr><td colspan="4">◎ 해결방안</td></tr>
</table>

<table>
<tr><td rowspan="2">구분</td><td rowspan="2">평가내용</td><td colspan="3">평가결과</td></tr>
<tr><td>상</td><td>중</td><td>하</td></tr>
<tr><td>사전준비</td><td>실습을 위한 사전 준비가 잘 되었는가?</td><td></td><td></td><td></td></tr>
<tr><td rowspan="2">이해력</td><td>업스타일 디자인에 맞는 브로킹을 이해하였는가?</td><td></td><td></td><td></td></tr>
<tr><td>테이프의 위치를 이해하고 실행하였는가?</td><td></td><td></td><td></td></tr>
<tr><td>수행능력</td><td>스트랜드(한 모다발)와 테이프가 두상곡면에 따라 잘 안착되었는가?</td><td></td><td></td><td></td></tr>
<tr><td>수행결과</td><td>최종작품에 좌우대칭이 되었는가?</td><td></td><td></td><td></td></tr>
</table>

6. 크리에이티브 업스타일 땋기 기법 2

Before

After

1

2

1. 왼쪽 사이드 코너 포인트(side corner point)를 기준으로 삼각베이스를 나눈다.
2. 세 개의 스트랜드로 나눠 가운데 스트랜드를 위로 하여 양쪽 스트랜드를 아래로 교차한다.

3-1

3-2

3-3

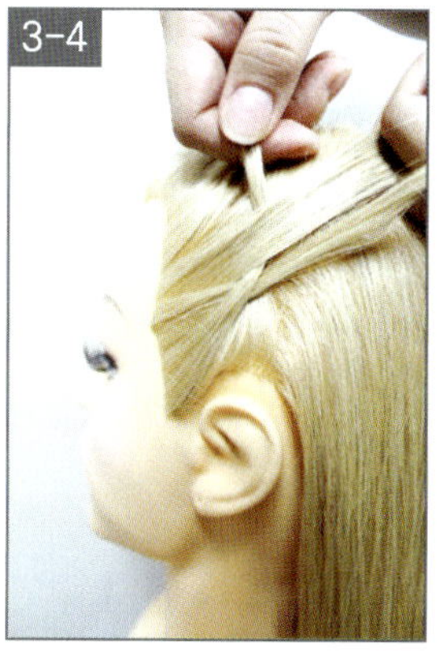
3-4

3. 1회 땋은 후의 땋기에는 페이스 라인에 있는 모발만 섹션으로 사용한다. 즉, 한쪽 방향만 섹션을 뜬다.
   이 때 섹션의 양이 적을수록 좋다.

4-1

4-2

4. 섹션은 이마 중심 부위까지는 점차적으로 길게 하고, 중심에서 나머지 방향을 점차적으로 짧아지게 섹션을 뜬다.

5. 자연시술각으로 진행하며 계속적으로 땋아준다.

6. 끝모발을 고무줄로 고정하여준다. 고무줄은 악세사리로 가려주거나 머리카락을 말아 가려준다.

7. 완성작품

직무수행능력 평가

- 크리에이티브 업스타일 땋기 기법2를 완성해보자

이름		학번	
실 습 과 정			
※ 이곳에 실습과정 사진을 붙이세요.			
◎ 실습과정 중 어려웠던 점			
◎ 해결방안			

구분	평가내용	평가결과		
		상	중	하
사전준비	실습을 위한 사전 준비가 잘 되었는가?			
이해력	업스타일 디자인에 맞는 삼각베이스를 이해하였는가?			
	한쪽 방향의 섹션(디스코 땋기)에 대해 이해하고 실행하였는가?			
수행능력	두상의 곡면에 따른 각도 설정은 잘 되었는가?			
수행결과	전체적으로 작품의 구도가 잘 맞는가?			

보충학습

13
14
15
16
17
18
19
20

CHAPTER 09

꼬기 기법

학/습/목/표

- 꼬기 기법을 응용한 업스타일을 연출할 수 있다.

1. 꼬기 기법 개념

꼬기는 한 가닥, 두 가닥 또는 여러 가닥의 머리를 돌려 말아 밧줄 같은 모양을 만들어내는 디자인 기법이다.

1) 한 가닥 꼬기

한 가닥 꼬기는 한 가닥의 모발을 시계방향(오른쪽), 혹은 반시계 방향(왼쪽)으로 비트는 방법이다. 밧줄처럼 감기는 효과를 주기 위해서 모발을 탄탄하게 꼬아준다.

2) 두 가닥 꼬기

모발을 두 가닥으로 나누어 잡고 양손의 모발 가닥가닥을 서로 번갈아 위로 올라 오도록 하며 꼬아지게 하는 기법이다.

3) 여러 가닥 꼬기

하나의 포니테일을 여러 가닥으로 등분하여 한 방향으로 꼬기한 후 두상에 밀착시켜 디자인하는 방법이다. 볼륨감을 주기 위해 탑을 쌓듯이 형태를 만들어 나가는 것에 주의한다.

2. 베이직 업스타일 꼬기 기법 1

Before

After

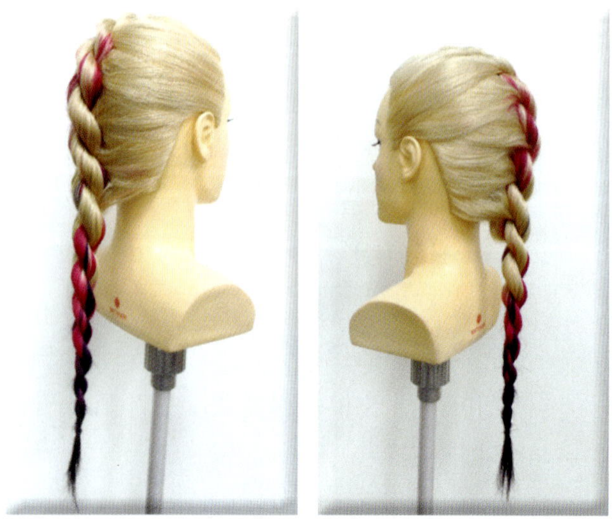

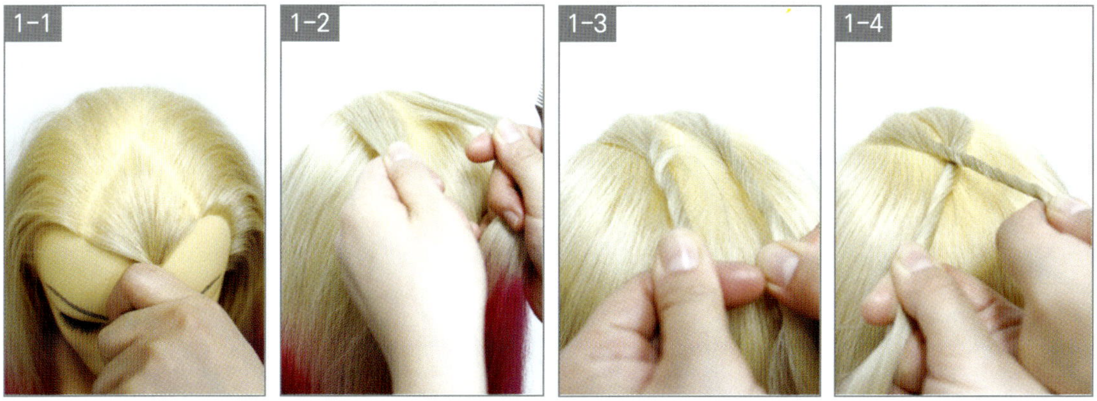

1. 센터 탑 미디움 포인트(center top medium point)와 프론트 사이드 포인트(front side point)를 이어 삼각베이스를 나눈 후 스트랜드를 2가닥으로 나누어 꼬아준다.

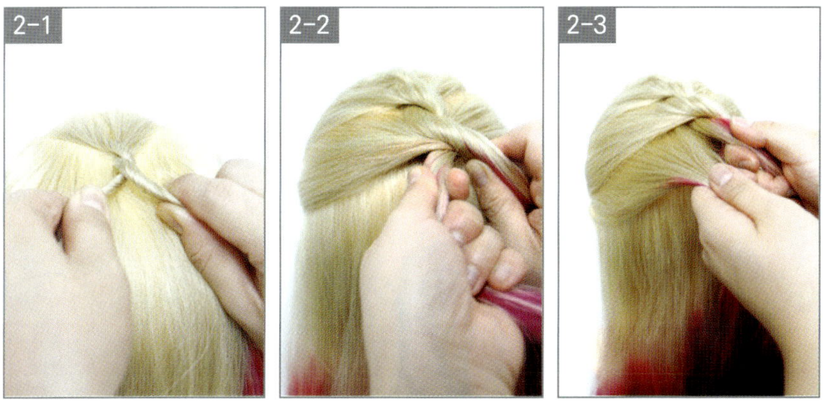

2. 왼쪽의 모발을 1.5 cm 정도 섹션을 뜬 후 왼쪽 스트랜드에 합치고, 오른쪽의 모발도 1.5 cm 정도 섹션을 뜬 후 오른쪽 스트랜드에 합친 다음 한 방향으로 꼬아서 회전시켜준다.

3. 이 때 각각의 스트랜드가 꼬아지는 방향과 2개의 스트랜드가 회전하는 방향이 반대가 되도록 한다.

4. 같은 방법으로 반복 진행한다.

5. 모발 끝은 고무줄로 묶어준 후 소량의 모발로 밴드를 감싸준다.

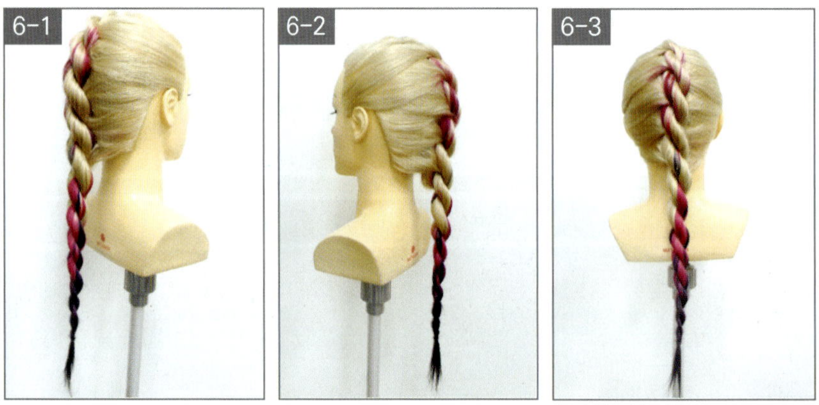

6. 완성작품

3. 크리에이티브 업스타일 꼬기 기법 1

Before

After

1. 사이드 파트로 파팅하고 네이프 부분은 사진과 같이 블로킹한다.

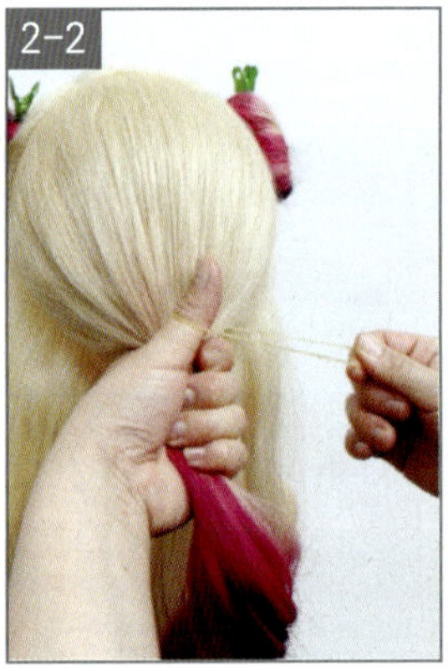

2. 후두부 쪽 블로킹을 고무줄로 고정하여준다. 사이드 파트를 나눈 부분에서 삼각베이스로 섹션을 잡아서 한쪽 방향으로 꼬기를 진행한다.

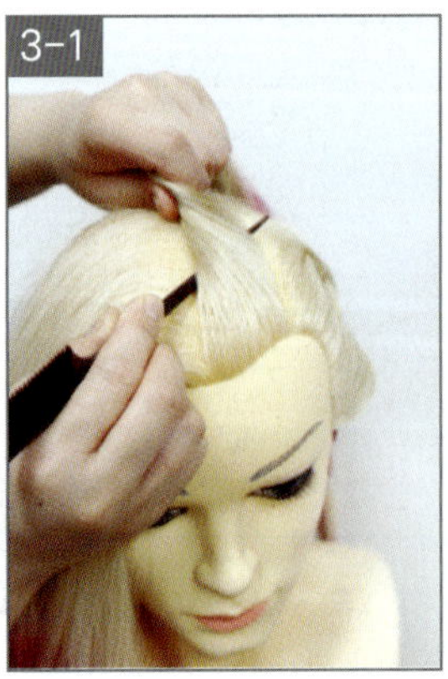

3. 첫 번째 삼각베이스의 하단에서 섹션을 떠서 윗 섹션과 같은 방향으로 꼬아준 다음 꼬기 방향의 반대쪽으로 섹션을 넘겨준다.

4. 디스코 땋기와 같은 방법으로 진행하되 한쪽에서만 패널을 합쳐주어 파팅선을 가릴 수 있도록 한다. 반대쪽도 이와 같이 꼬기를 진행한다.

5. 네이프 부분 파팅 오른쪽 가장자리에서 2cm×2cm 직경의 베이스를 떠서 한쪽 방향으로 꼬아준다. 첫 번째 베이스의 모발 끝까지 꼬아준 후 두 번째 베이스를 떠서 첫 번째 베이스의 모발 끝 부분과 두 번째 베이스의 모발 시작 부분을 합쳐서 꼬아준다. 네이프 부분의 모발 전체를 이와 같은 방법으로 진행한다.

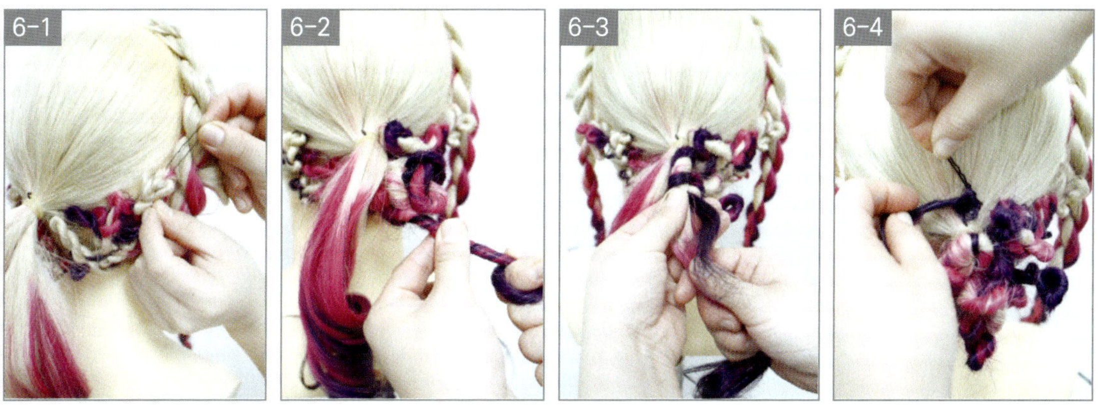

6. 네이프 쪽 파팅의 모발을 다 꼬아준 후 두상에 밀착되도록 유핀을 사용하여 꽂아준다. 후두부 쪽 파팅을 5가닥으로 나누어 이전과 같은 방법으로 꼬아준 다음 두상에 밀착시켜 고정한다.

7. 사이드 파트에서 꼬기를 했던 모발 끝부분을 후두부쪽으로 당겨와서 네이프 쪽 꼬기와 어울리게 고정한다. 이 때 파팅선을 가릴 수 있도록 한다.

8. 완성작품

직무수행능력 평가

- 크리에이티브 업스타일 꼬기 기법1을 완성해보자

<table>
<tr><td>이름</td><td></td><td>학번</td><td></td></tr>
<tr><td colspan="4">실 습 과 정</td></tr>
<tr><td colspan="4">※ 이곳에 실습과정 사진을 붙이세요.</td></tr>
<tr><td colspan="4">◎ 실습과정 중 어려웠던 점</td></tr>
<tr><td colspan="4">◎ 해결방안</td></tr>
</table>

<table>
<tr><td rowspan="2">구분</td><td rowspan="2">평가내용</td><td colspan="3">평가결과</td></tr>
<tr><td>상</td><td>중</td><td>하</td></tr>
<tr><td>사전준비</td><td>실습을 위한 사전 준비가 잘 되었는가?</td><td></td><td></td><td></td></tr>
<tr><td rowspan="2">이해력</td><td>업스타일에 맞는 파팅과 브로킹을 이해하였는가?</td><td></td><td></td><td></td></tr>
<tr><td>서로간의 파팅이 보이지 않도록 핀 처리방법을 이해하였는가?</td><td></td><td></td><td></td></tr>
<tr><td>수행능력</td><td>베이스와 베이스끼리 연결되어 꼬기 기법이 진행되었는가?</td><td></td><td></td><td></td></tr>
<tr><td>수행결과</td><td>최종작품에 좌우대칭이 되었는가?</td><td></td><td></td><td></td></tr>
</table>

4. 크리에이티브 업스타일 꼬기 기법 2

Before

After

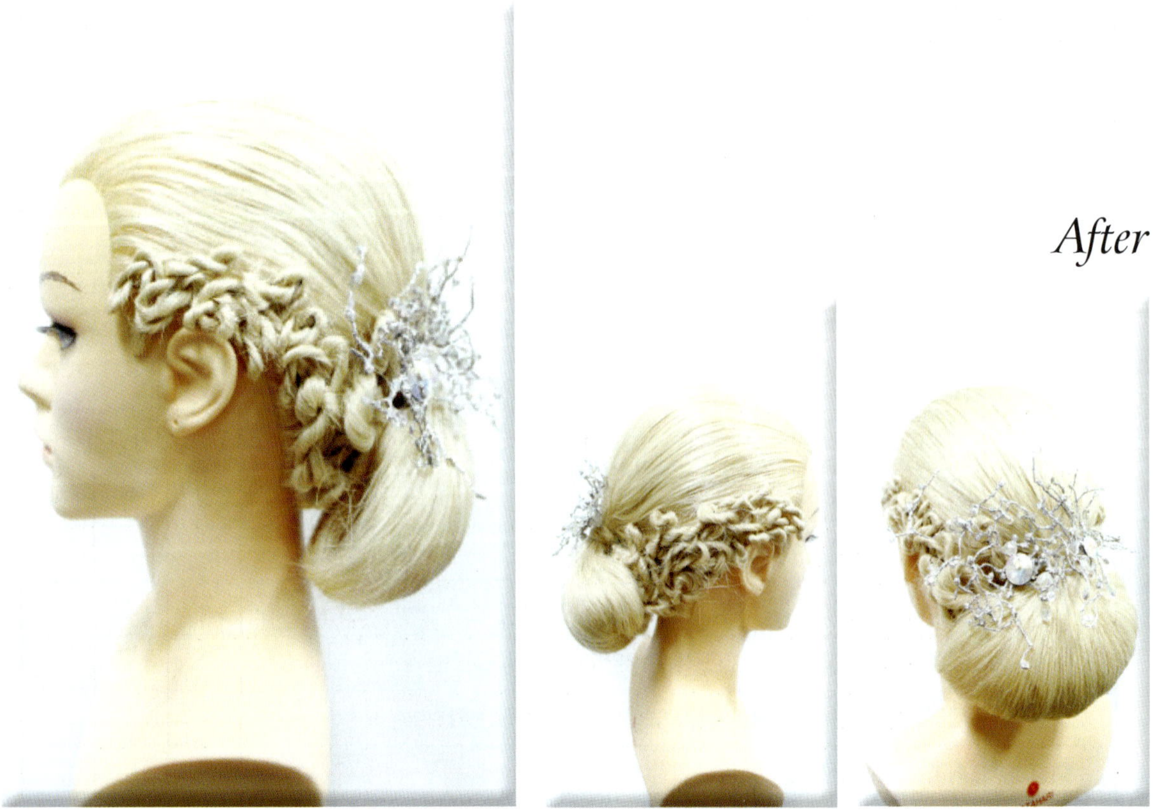

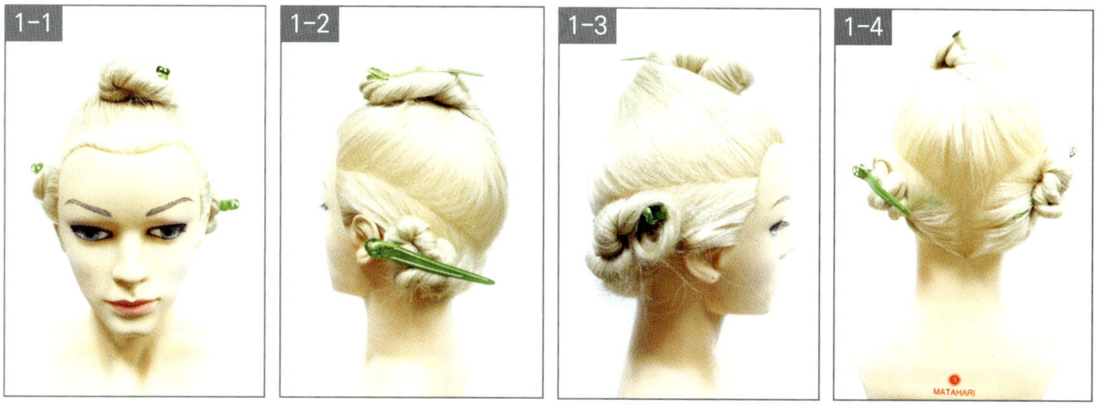

1. 사이드 포인트, 백 포인트, 네이프 포인트 기준으로 3등분 블로킹을 나눈다.

2. 탑 부분의 블로킹을 백 포인트 위치에 고무줄로 묶어 토대를 만들고 소량의 모발로 밴드를 감싸준다.

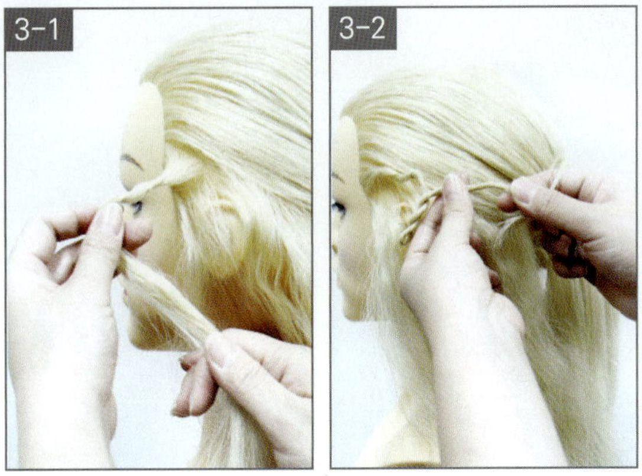

3. 사이드 포인트 부분에서 작은 모다발을 잡아 한 방향으로 꼬아준다.

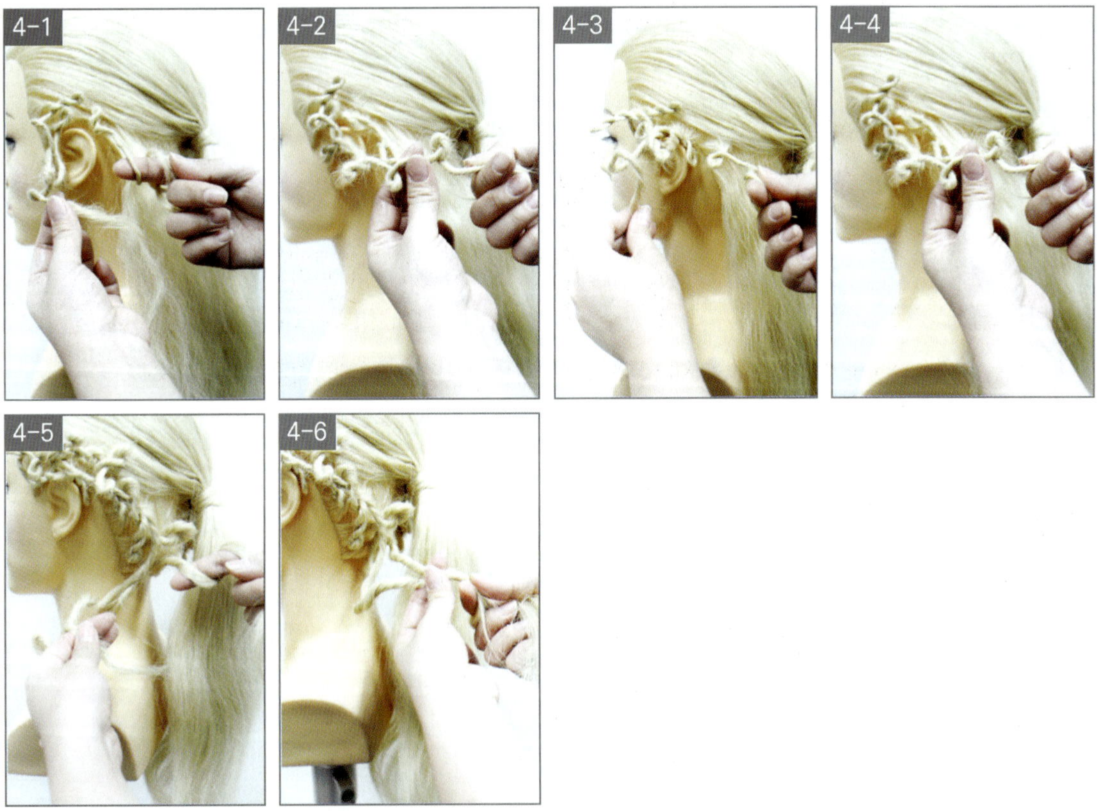

4. 소량의 모발을 계속적으로 가져와 합쳐서 꼬기를 한 후 고정시킨다.

5. 네이프까지 다 꼬은 후 모발 끝은 보비핀이나 U핀에 감아 고정한다.

6. 마지막까지 다 꼬은 후 모발 끝은 토대 밑에 고정하고 꼬아진 모발은 U핀으로 모양을 잡아가면서 자연스럽게 고정시킨다. 반대쪽도 동일하게 진행한다.

7. 묶은 토대의 스트랜드는 백콤을 넣고 위쪽은 넓게 빗질한 후 밑으로 말아 접어서 보비핀으로 네이프에 고정한다.

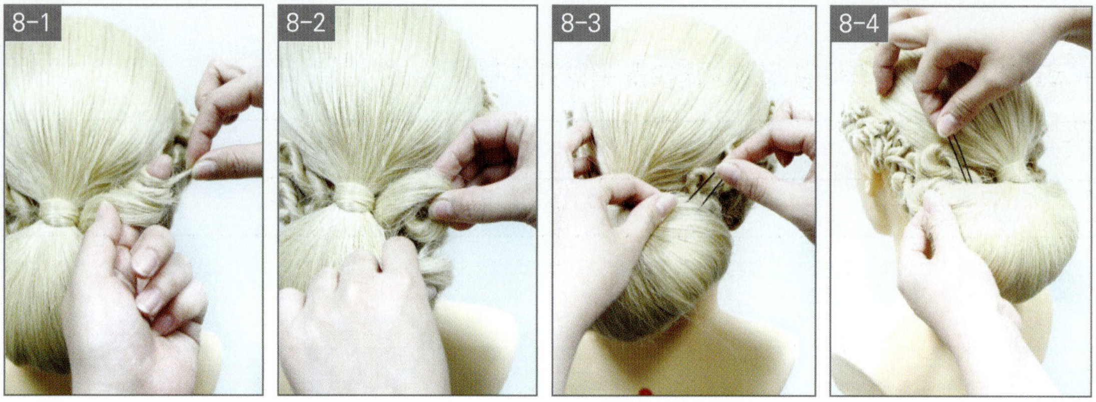

8. 모발 끝은 손가락에 말아 고리를 만들어 안쪽에 U핀으로 고정한다.

9. 완성된 스타일에 액세서리를 장식한다.

10. 완성작품

직무수행능력 평가

- 크리에이티브 업스타일 꼬기 기법2를 완성해보자

<table>
<tr><td>이름</td><td></td><td>학번</td><td></td></tr>
<tr><td colspan="4">실 습 과 정</td></tr>
<tr><td colspan="4">※ 이곳에 실습과정 사진을 붙이세요.</td></tr>
<tr><td colspan="4">◎ 실습과정 중 어려웠던 점</td></tr>
<tr><td colspan="4">◎ 해결방안</td></tr>
</table>

<table>
<tr><th rowspan="2">구분</th><th rowspan="2">평가내용</th><th colspan="3">평가결과</th></tr>
<tr><th>상</th><th>중</th><th>하</th></tr>
<tr><td>사전준비</td><td>실습을 위한 사전 준비가 잘 되었는가?</td><td></td><td></td><td></td></tr>
<tr><td rowspan="2">이해력</td><td>업스타일 디자인에 맞는 블로킹을 이해하였는가?</td><td></td><td></td><td></td></tr>
<tr><td>업스타일 디자인에 맞는 토대위치를 이해하였는가?</td><td></td><td></td><td></td></tr>
<tr><td>수행능력</td><td>베이스와 베이스끼리 연결되어 꼬기 기법이 진행되었는가?</td><td></td><td></td><td></td></tr>
<tr><td>수행결과</td><td>최종작품에 좌우대칭이 되었는가?</td><td></td><td></td><td></td></tr>
</table>

보충학습

13
14
15
16
17
18
19
20
21
22
23
24
25
26
27
28

CHAPTER 10

매듭 기법

학/습/목/표

- 매듭 기법을 익힌 후 매듭 디자인을 연출할 수 있다.

1. 매듭 기법 개념

매듭은 모발을 묶어서 사슬모양의 디자인 효과를 나타내거나, 묶어진 매듭을 토대로 원하는 스타일을 다양하게 표현할 수 있다. 또한 매듭의 크기와 위치에 따라 변화를 줄 수 있다.

1) 한 줄 매듭

한 줄 매듭은 한 가닥으로 원형을 만든 후 모발의 끝을 가운데로 넣어 뺌으로써 만들어진다. 여기에서는 포니테일을 세 가닥으로 나누어 수직으로 길게 매듭하여 형태를 만드는 디자인을 보여준다.

2) 두 줄 매듭

두 줄 매듭은 상하 두 단으로 나누어 묶기를 한 다음 두 갈래의 모발을 함께 묶어 두상 위에 얹거나 계속 묶기를 반복하여 사슬모양을 만들기도 한다. 다음은 두상 위에 수직으로 두 개의 포니테일을 한 다음 서로 묶어서 디자인하는 기법을 응용하였다.

3) 여러 개의 매듭

여러 개의 모발을 나누어 묶어서 도드라진 질감을 강조해주는 디자인이다.

2. 베이직 업스타일 매듭 기법 1

Before

After

1. 이어 투 이어 포인트 (ear to ear point)를 다이애거널 포워드(diagonal forward) 섹션으로 이어 2등분 블로킹을 나눈다.

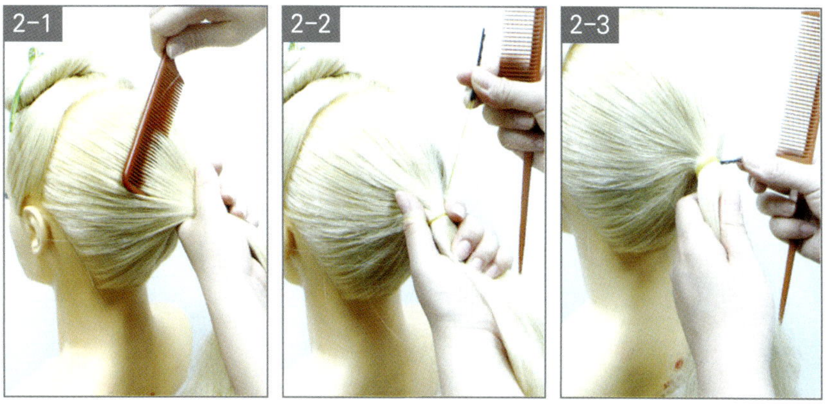

2. 후두부의 모발은 곱게 빗질하여 백 포인트에 묶어준다.

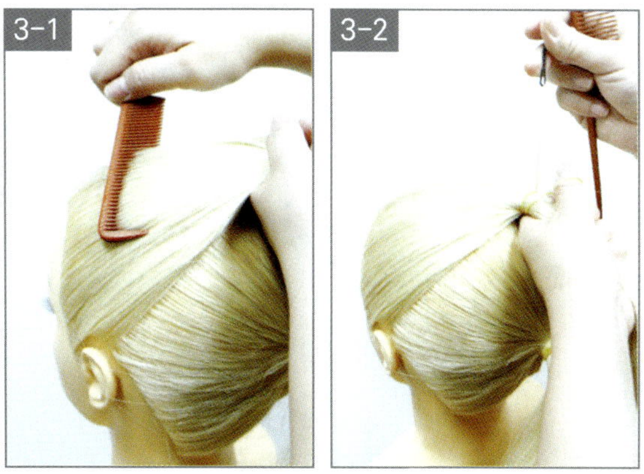

3. 전두부의 모발은 골덴 포인트에서 묶어준다.

4. 위의 포니테일을 아래 포니테일의 묶은 부분에서 돌려준 다음 돌려준 포니테일을 위의 포니테일 아래로 넣어준다.

5. 골덴 포인트의 묶음 토대에 돌려 고정한다.

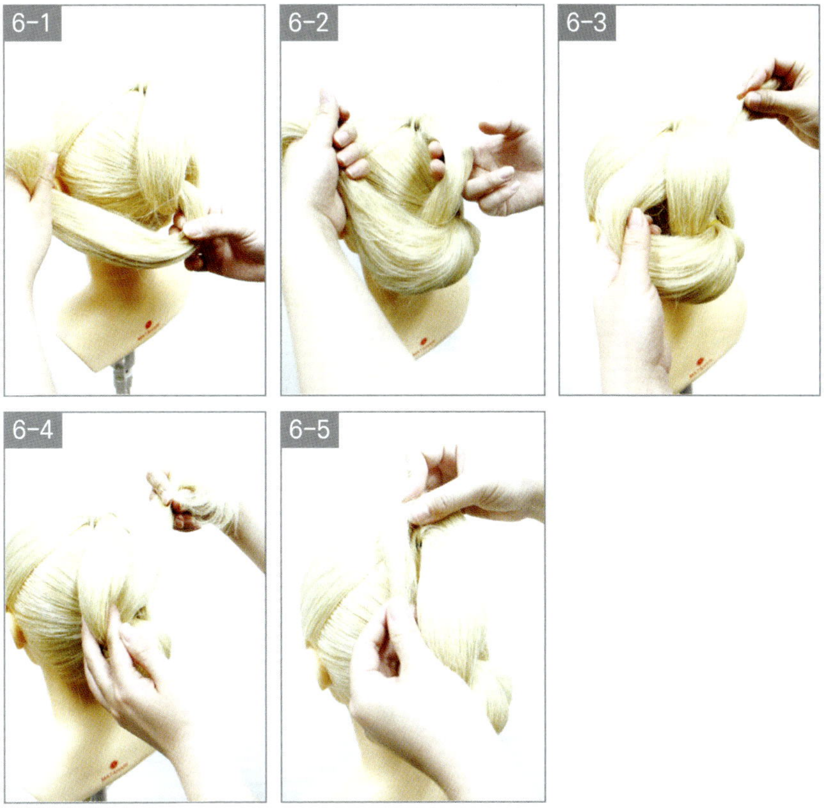

6. 백 포인트의 포니테일을 S형으로 돌려 골덴 포인트 부분에 고정한다.

7. U핀이나 보비핀으로 단단히 고정한다.

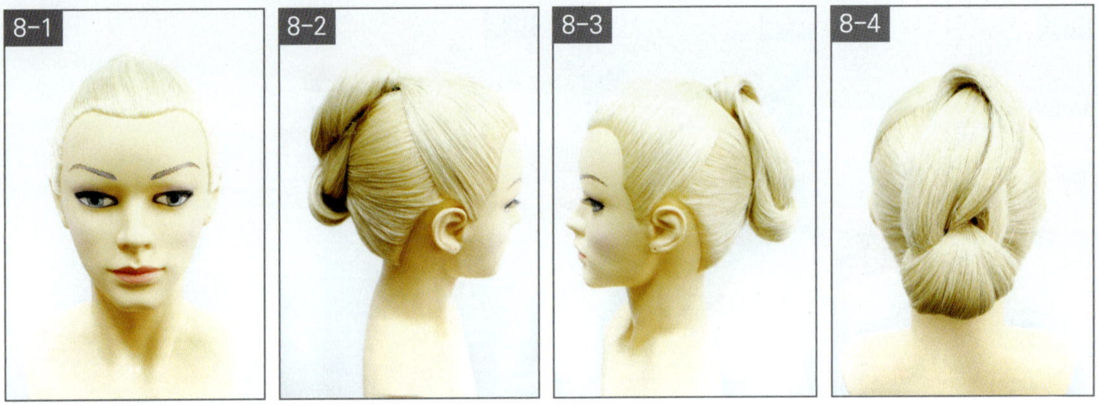

8. 완성작품

3. 크리에이티브 업스타일 매듭 기법 1

Before

After

1

2-1

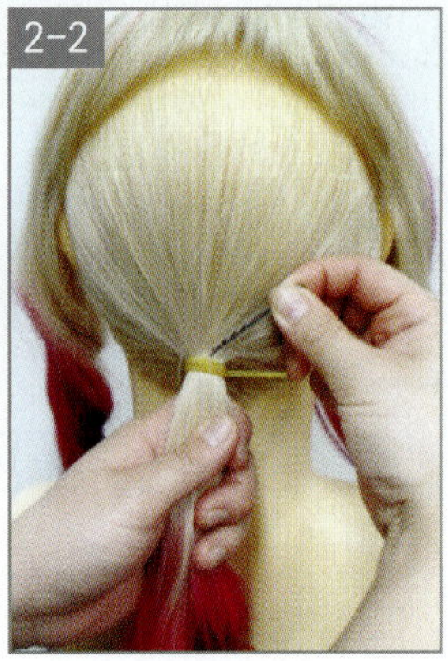
2-2

1. 탑 포인트를 지나는 이어 투 이어 파트로 블로킹을 나눠 프론트 부분의 모발을 남겨 놓는다.
2. 후두부는 골덴 포인트를 기준으로 블로킹을 나눠 네이프에 먼저 묶음 토대를 만든다.

3-1

3-2

4

3. 골덴 포인트 위치에 두 번째 묶음 토대를 만든다.
4. 위의 포니테일을 아래 포니테일 묶음 토대에서 돌려준 다음 돌려준 포니테일을 위의 포니테일 아래로 넣어준다.

5-1

5-2

5-3

5. 골덴 포인트의 묶음 토대에 돌려 고정한다.

6. 백 포인트의 포니테일을 S형으로 돌려 골덴 포인트의 묶음 토대에 감싼다.

7. 다시 밑으로 S형으로 돌려 네이프 포인트의 묶음 토대에 고정한다.

8. 왼쪽 프론트 사이드 포인트를 기준으로 가르마를 나누고 왼쪽 사이드의 모발을 세가닥 땋기하여 헤어라인을 따라 고정한다.

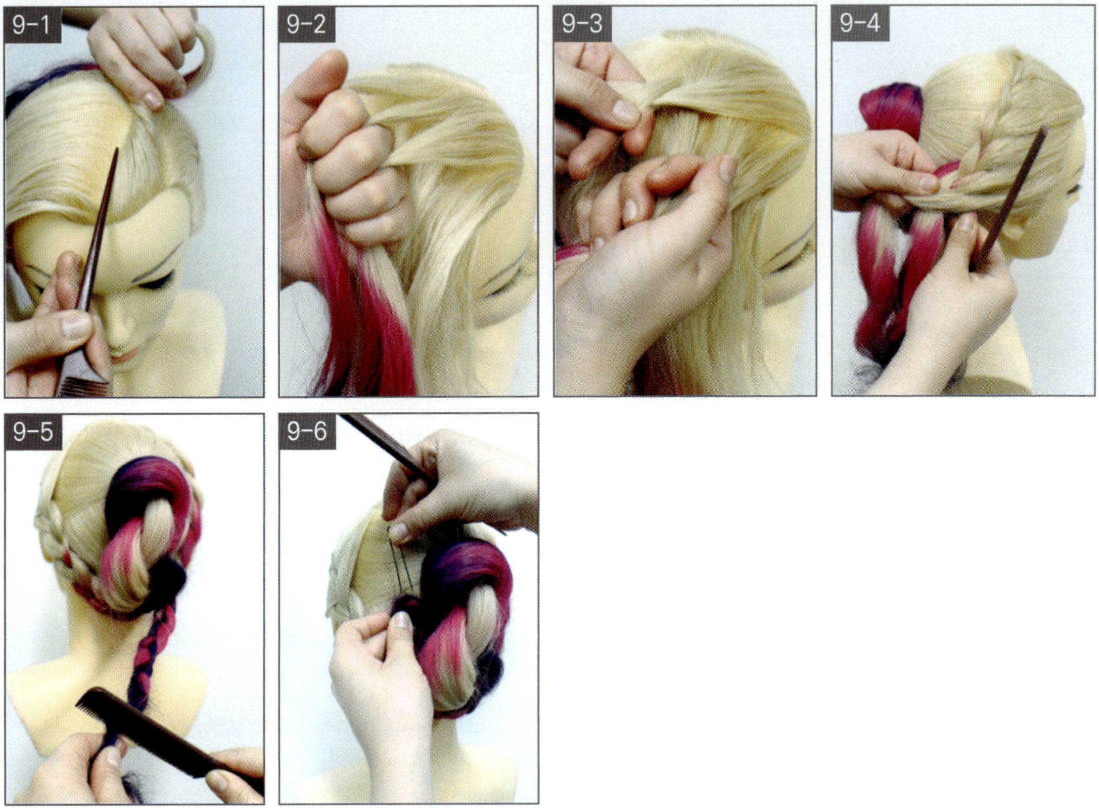

9. 오른쪽 사이드의 모발은 헤어라인의 모발만 가져와 세 가닥 땋기하여 헤어라인을 따라 고정한다.

10. 완성작품

직무수행능력 평가

- 크리에이티브 업스타일 매듭 기법1을 완성해보자

이름		학번	
실 습 과 정			
※ 이곳에 실습과정 사진을 붙이세요.			
◎ 실습과정 중 어려웠던 점			
◎ 해결방안			

구분	평가내용	평가결과		
		상	중	하
사전준비	실습을 위한 사전 준비가 잘 되었는가?			
이해력	각각의 포인트에 따른 토대의 위치를 이해하였는가?			
	S자 형의 매듭을 이해하고 실행하였는가?			
수행능력	매듭 기법과 땋기 기법이 적절하게 실행되었는가?			
수행결과	전체적으로 작품의 구도가 잘 맞는가?			

4. 크리에이티브 업스타일 매듭 기법 2

Before

After

1. 사이드 포인트, 백 포인트, 네이프 포인트를 기준으로 3등분 블로킹한다.

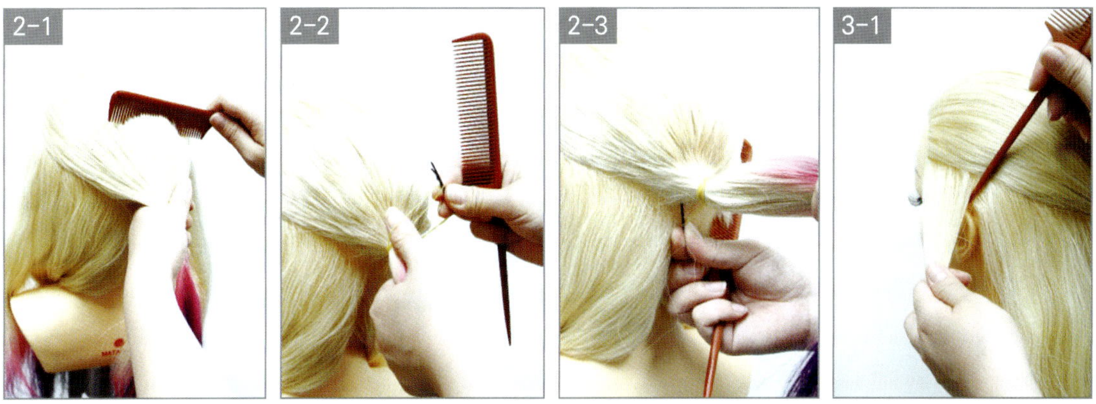

2. 전두부는 백 포인트에 고무줄로 묶어 토대를 만들어 준다.

3. 왼쪽 사이드 블로킹의 모양을 버티컬 섹션으로 나눠 매듭지어 보비핀이나 U핀으로 고정하면서 포인트를 연출한다.

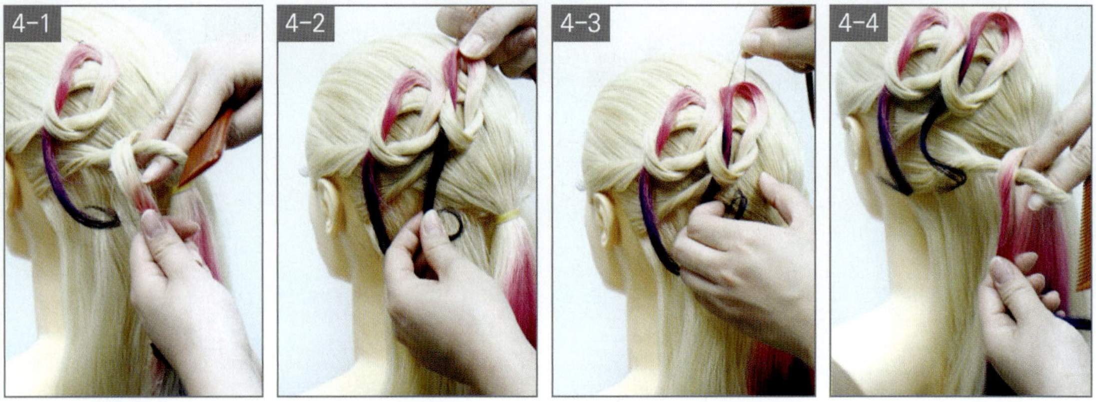

4. 반복적으로 섹션을 나눠 매듭지어 연출한다.

5. 네이프 사이드 포인트(nape side point)까지 매듭으로 연출하고 남은 모발 끝은 뱅을 만들어 고정한다.

6. 오른쪽 사이드 블로킹의 모발은 소량씩 버티컬 섹션으로 나누어 매듭을 2번 지어 고정한다.

7. 네이프 사이트 포인트까지 반복적으로 매듭 지어 연출하고 고정한다.

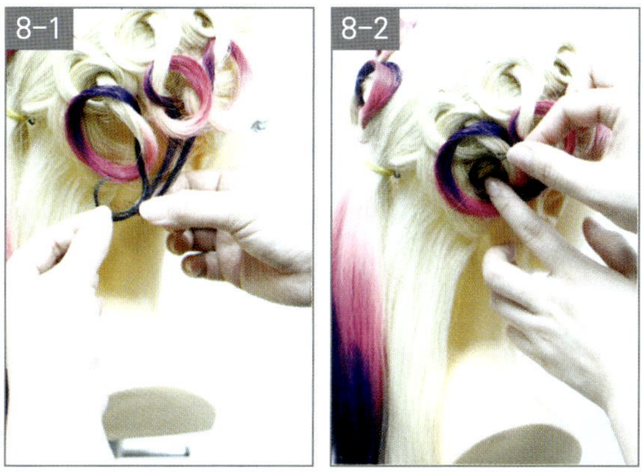

8. 남은 모발 끝은 뱅을 만들어 고정한다.

9. 네이프에 남은 모발은 묶음 토대 위쪽으로 교차하여 고정한다.

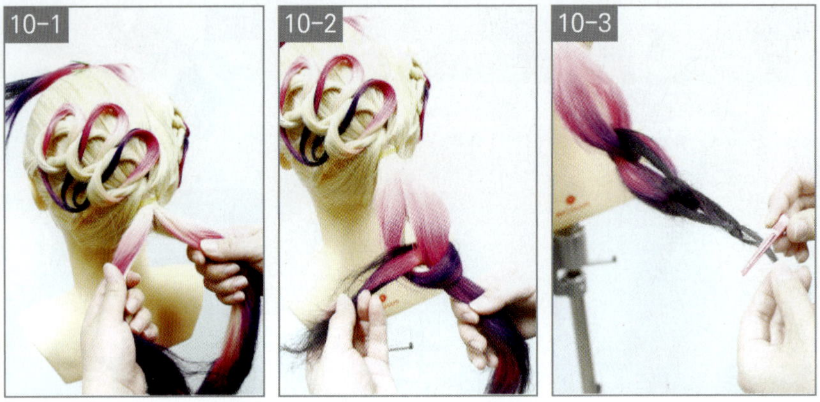

10. 묶음 토대의 포니테일은 2가닥으로 나누어 반복 매듭 지어 준 다음 모발 끝은 핀컬핀으로 임시 고정한다.

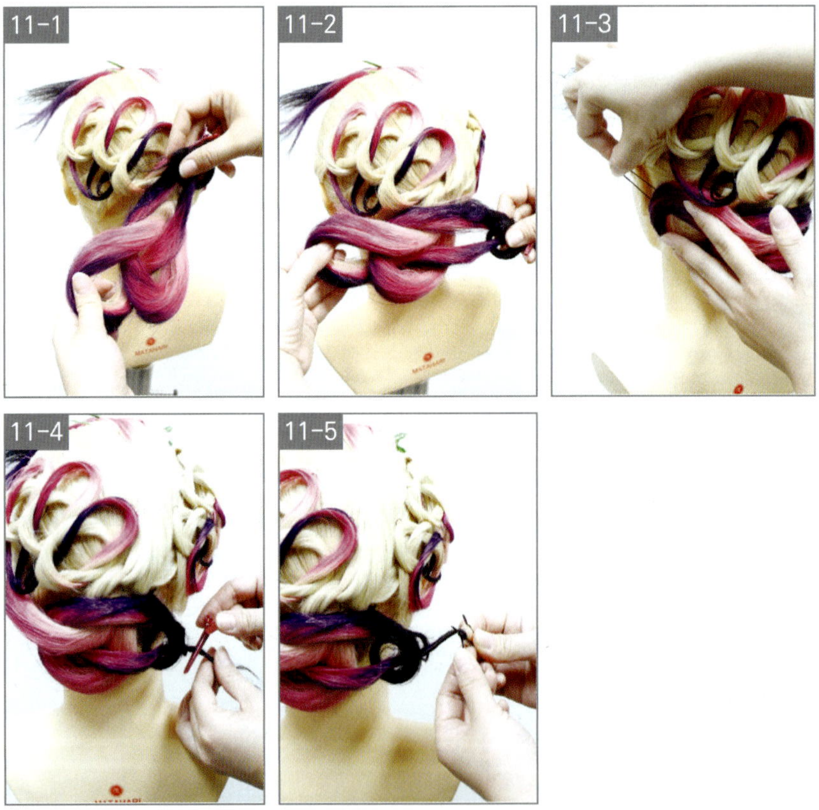

11. 매듭을 좌우로 늘려 네이프에 U핀으로 고정하고 모발 끝은 보비핀으로 고정한다.

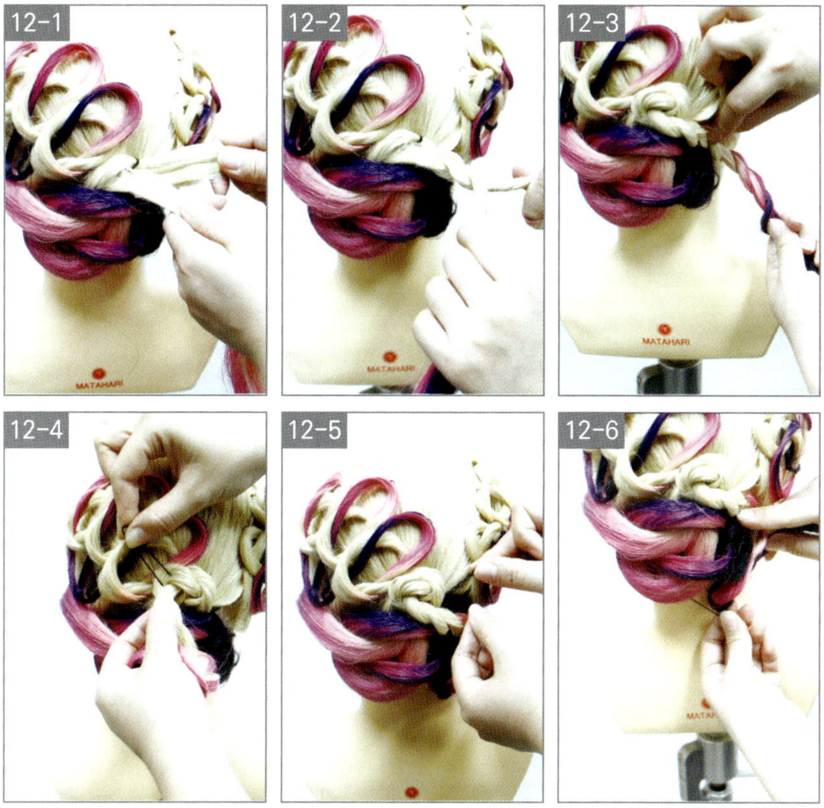

12. 묶음 토대에 올려 두었던 스트랜드는 꼬기를 하여 오른쪽으로 돌려 네이프에 고정한다.

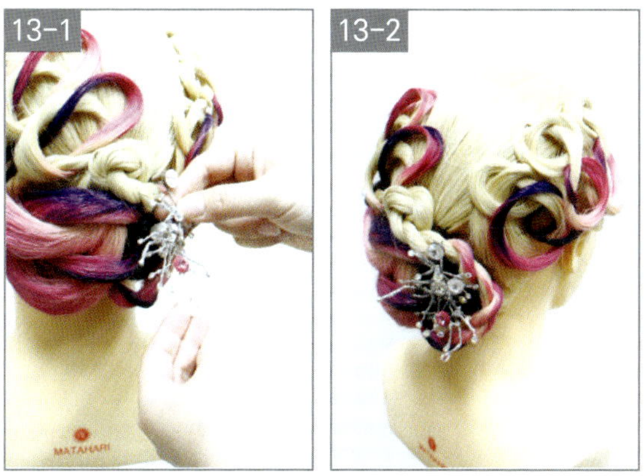

13. 액세서리로 장식하여 우아한 스타일을 완성한다.

14. 완성작품

직무수행능력 평가

- 크리에이티브 업스타일 매듭 기법2를 완성해보자

이름		학번	
실 습 과 정			
※ 이곳에 실습과정 사진을 붙이세요.			
◎ 실습과정 중 어려웠던 점			
◎ 해결방안			

구분	평가내용	평가결과		
		상	중	하
사전준비	실습을 위한 사전 준비가 잘 되었는가?			
이해력	각각의 핀 종류에 따른 사용법을 이해하였는가?			
	버티컬 매듭기법을 이해하였는가?			
수행능력	매듭 기법과 꼬기 기법이 적절하게 실행되었는가?			
수행결과	전체적으로 작품의 구도가 잘 맞는가?			

보충학습

13
14
15
16
17
18
19
20
21
22
23
24

CHAPTER 11

말기 기법(롤링)

학/습/목/표

- 말기 기법을 익힌 후 말기 디자인을 연출할 수 있다.

1. 말기 기법 개념

말기는 모발 자체가 안으로 말려 들어가면서 감겨지는 모양을 말한다. 시술하기 전 모발 길이를 충분히 고려하여 놓여지는 방향이나 볼륨을 조절해야 한다.

1) 수직 말기

중간 정도의 길이와 긴 머리까지 모두 잘 어울리는 디자인이다. 수직형에 따라 네이프에서 시작하여 점차 위로 올라가면서 소라모양의 형태를 만들어 준다.

2) 윤곽 말기

헤어라인과 두상의 곡면을 따라 이동해가면서 길게 원통형의 모양을 만들어가는 디자인이다. 모발 양이나 위치 조절에 따라 다양하게 응용되어 질 수 있다.

2. 베이직 업스타일 말기 기법 1

Before

After

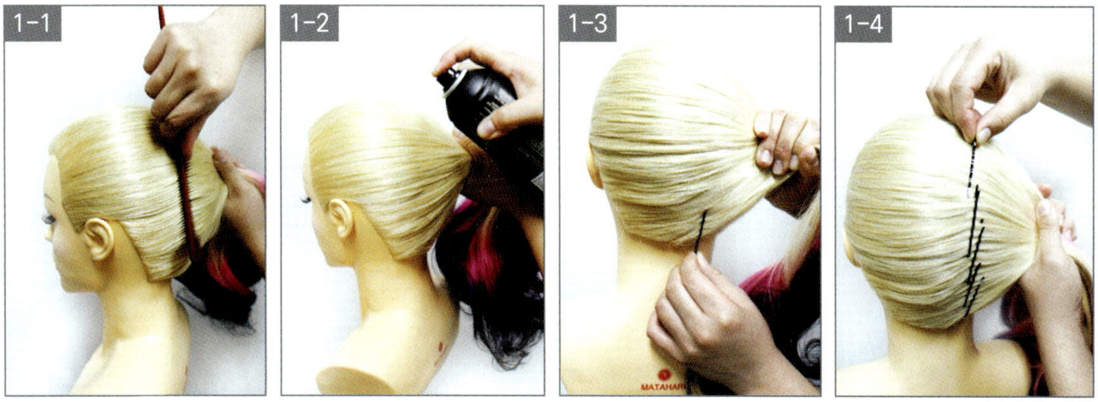

1. 왼쪽 사이드에서 네이프 포인트까지의 모발을 업 쉐이핑(up shaping)으로 빗질하여 보비핀으로 수직 피닝을 한다. 이때 매끄러운 표면을 위해 스타일링 스프레이를 사용한다.

2. 오른쪽 모발을 탑 부분을 향해 업 쉐이핑으로 빗질을 하여 소라모양으로 틀어서 스타일링 스프레이를 분사하여 깨끗하게 빗질하여 고정시킨다.

3. 남은 모발은 깨끗하게 빗질하여 위쪽으로 말아 고정한다.

4. 모발 끝은 뱅으로 감아 연출한다.

5. 완성작품

3. 크리에이티브 업스타일 말기 기법 1

Before

After

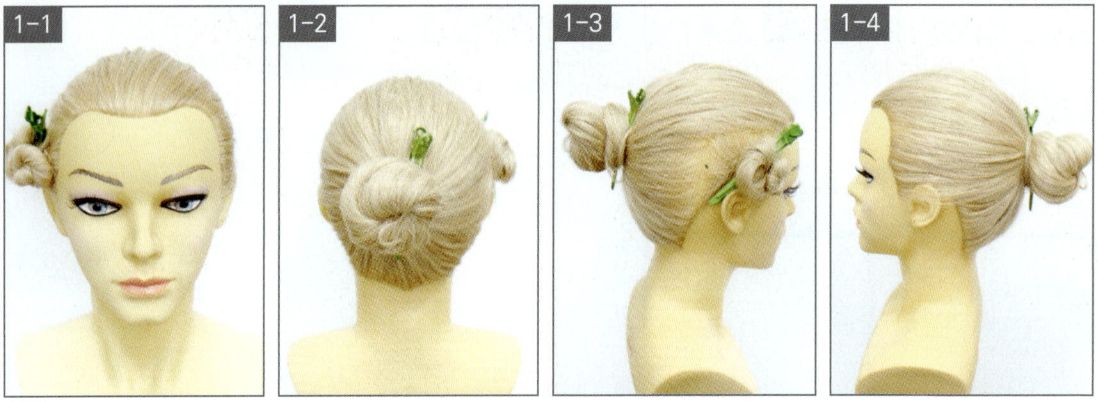

1. 오른쪽 프론트 사이드 포인트와 이어 백 포인트 기준으로 오른쪽 사이드의 모발을 블로킹하여 남겨둔다.

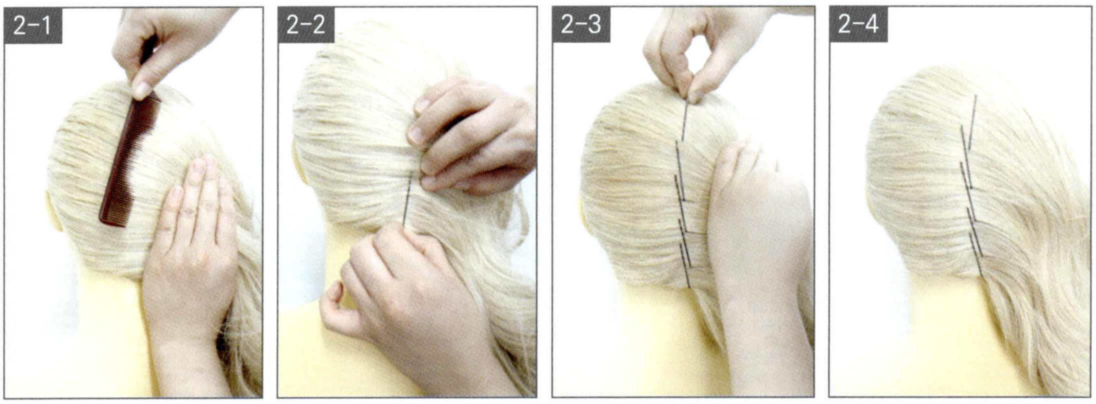

2. 왼쪽 사이드에서 네이프 포인트까지의 모발을 업 쉐이핑으로 빗질하여 보비핀으로 수직피닝을 한다.
   이때 매끄러운 표면을 위해 스타일링 스프레이를 사용한다.

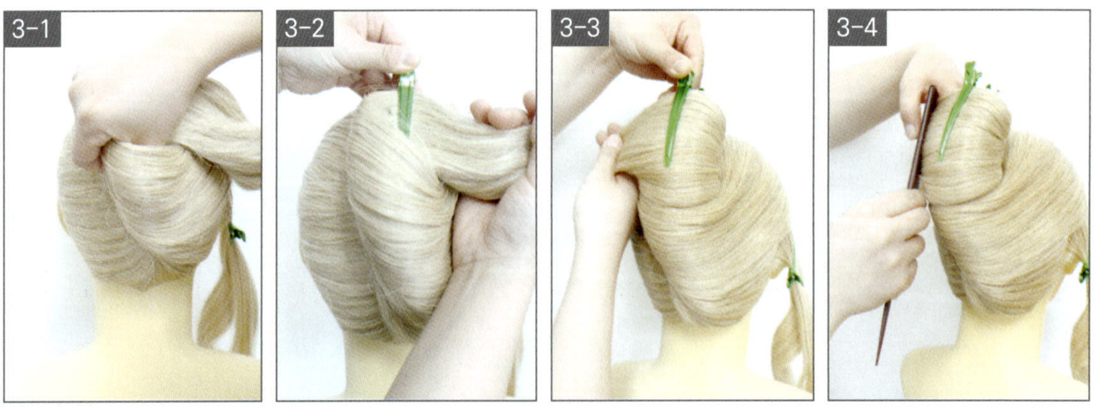

3. 오른쪽 사이드 부분의 모발을 제외한 나머지 모발을 탑 부분을 향해 업 쉐이핑으로 빗질을 하여
   소라모양으로 틀어서 스타일링 스프레이를 분사하여 깨끗하게 빗질하여 고정시킨다.

4. 말아 올린 후 양 옆을 U핀으로 흔들리지 않도록 고정하고 모발 끝도 깨끗하게 빗질하여 롤 안쪽에 고정하여 준다.

5. 오른쪽 사이드의 모발을 핀셋으로 S웨이브를 형성시키기 위해 잡아준 후 보비핀, U핀을 사용하여 고정시킨다.

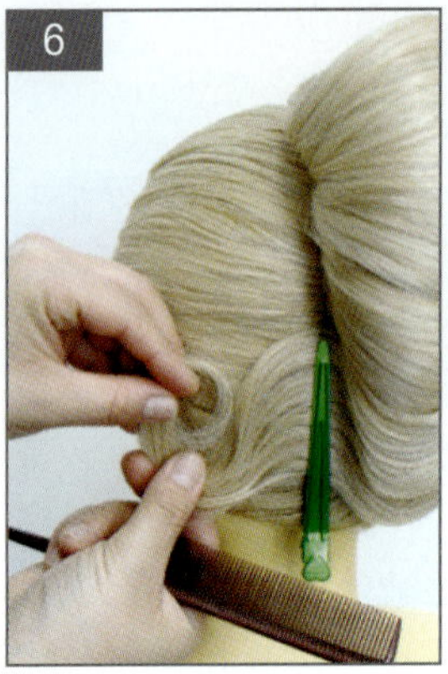

6. 모발 끝은 뱅으로 마무리한다.

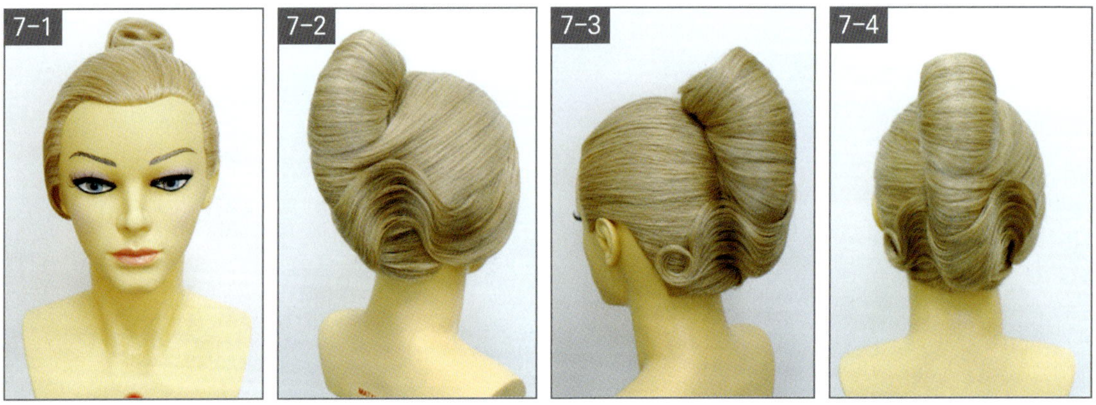

7. 완성작품

직무수행능력 평가

- 크리에이티브 업스타일 말기(롤링) 기법1을 완성해보자

<table>
<tr><td>이름</td><td></td><td>학번</td><td></td></tr>
<tr><td colspan="4">실 습 과 정</td></tr>
<tr><td colspan="4">※ 이곳에 실습과정 사진을 붙이세요.</td></tr>
<tr><td colspan="4">◎ 실습과정 중 어려웠던 점</td></tr>
<tr><td colspan="4">◎ 해결방안</td></tr>
</table>

<table>
<tr><td rowspan="2">구분</td><td rowspan="2">평가내용</td><td colspan="3">평가결과</td></tr>
<tr><td>상</td><td>중</td><td>하</td></tr>
<tr><td>사전준비</td><td>실습을 위한 사전 준비가 잘 되었는가?</td><td></td><td></td><td></td></tr>
<tr><td rowspan="2">이해력</td><td>수직으로 핀처리(수직 피닝)를 이해하였는가?</td><td></td><td></td><td></td></tr>
<tr><td>S웨이브 형성을 위해 각각의 핀 사용을 이해 하였는가?</td><td></td><td></td><td></td></tr>
<tr><td>수행능력</td><td>모발 결이 수직으로 소라모양이 형성되었는가?</td><td></td><td></td><td></td></tr>
<tr><td>수행결과</td><td>표면이 매끈하게 형성되었는가?</td><td></td><td></td><td></td></tr>
</table>

4. 크리에이티브 업스타일 말기 기법 2

Before

After

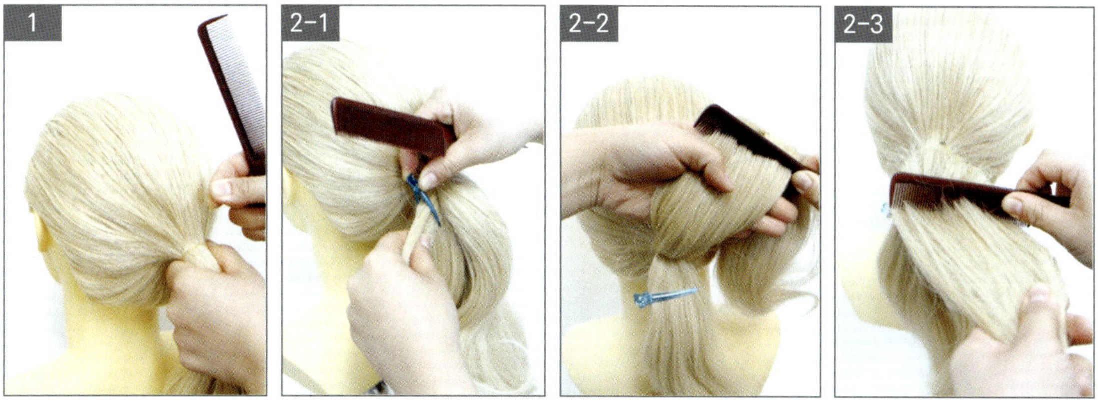

1. 깨끗하게 빗질한 후 백 포인트에 고무줄로 묶어 포니테일을 만든다.
2. 포니테일을 2개의 패널로 나누고 왼쪽에 소량 남겨둔 다음 남은 패널 위쪽에 백콤을 넣어준다.

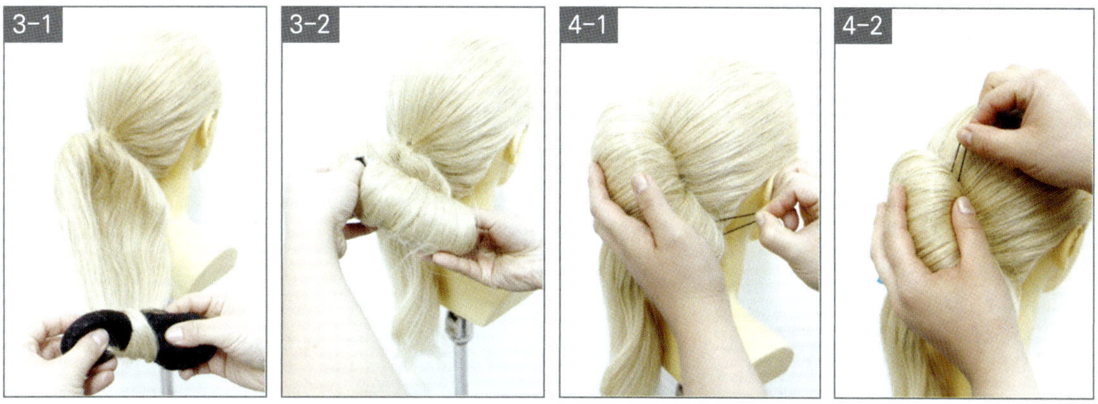

3. 헤어씽 모양을 길게 만들어 망으로 감싼 후 백콤을 넣어 두었던 패널의 끝부분부터 대각선(다이애거널; diagonal 모양이 되도록 말아준다.
4. 말아올린 롤은 U핀을 이용하여 사선으로 고정한다.

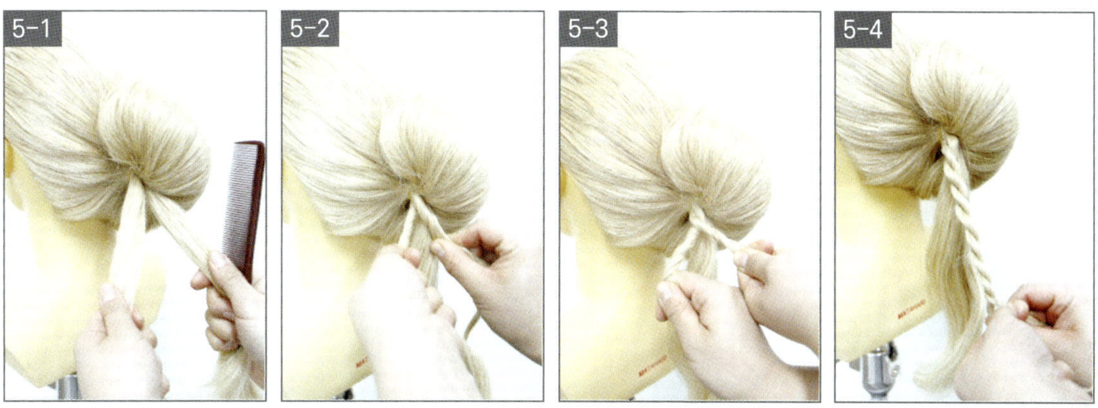

5. 남은 소량의 모발은 두 가닥으로 나누어 각각 꼬기를 진행한다.

6. 두 가닥의 꼬기는 위, 아래로 돌려 롤의 바깥쪽을 감싸 고정한다.

7. 완성작품

직무수행능력 평가

- 크리에이티브 업스타일 말기(롤링) 기법2를 완성해보자

이름		학번	
실 습 과 정			
※ 이곳에 실습과정 사진을 붙이세요.			
◎ 실습과정 중 어려웠던 점			
◎ 해결방안			

구분	평가내용	평가결과		
		상	중	하
사전준비	실습을 위한 사전 준비가 잘 되었는가?			
이해력	포니테일에 대해 이해하였는가?			
	헤어씽 사용방법을 이해하였는가?			
수행능력	표면이 매끈하게 롤링(말기 기법)이 되었는가?			
수행결과	전체적으로 작품의 구도가 잘 맞는가?			

보충학습

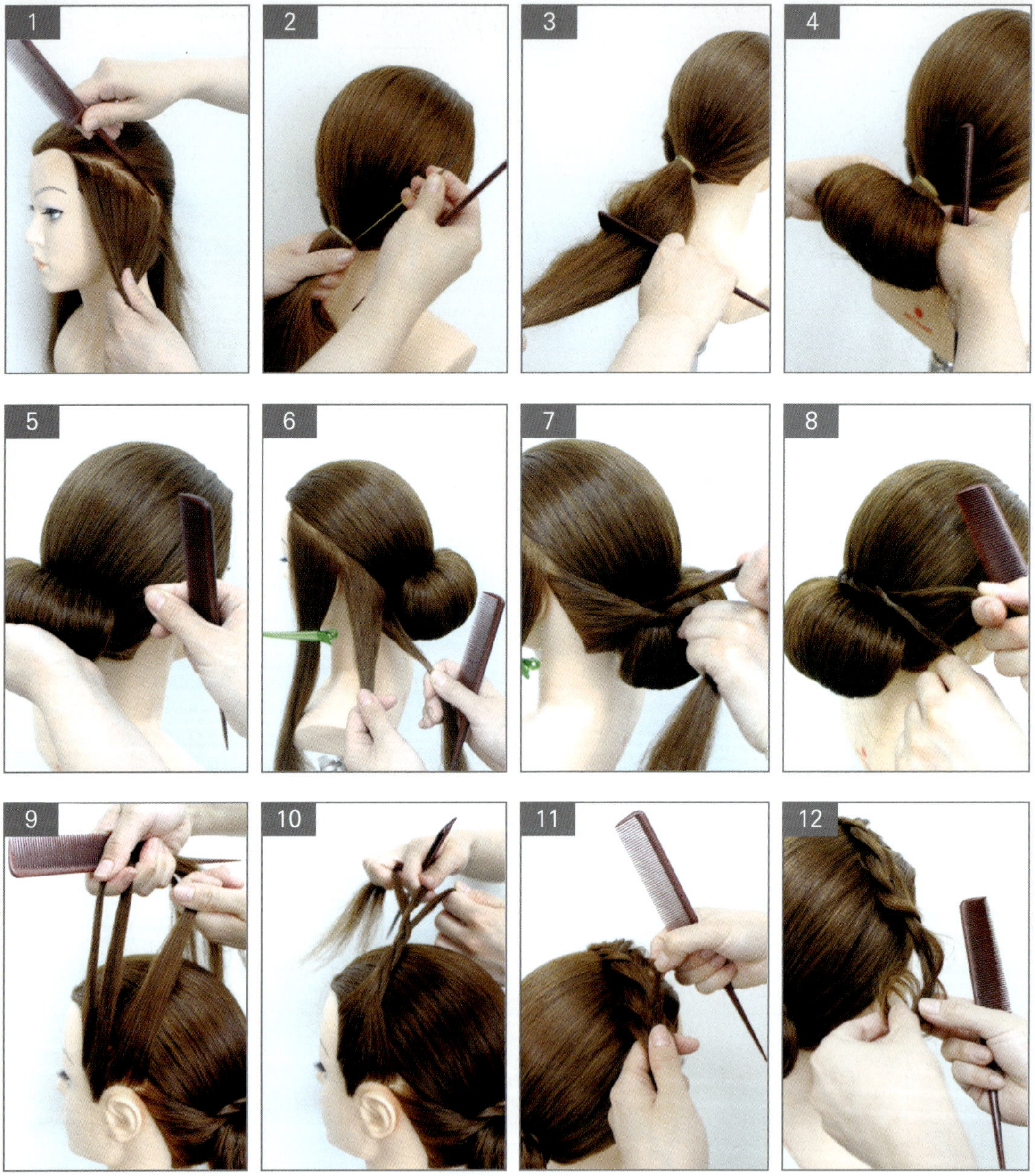

13

14

15

16

CHAPTER 12

겹치기 기법

학/습/목/표

- 겹치기 기법을 익힌 후 겹치기 디자인을 연출할 수 있다.

1. 겹치기 기법 개념

두 개의 패널을 반대쪽으로 교차해서 십자 모양의 문양 효과를 얻는 것으로 섹션의 크기나 양, 위치에 따라 형태의 변화를 다양하게 유도할 수 있다.

2. 베이직 업스타일 겹치기 기법 1

Before

After

1. 센터 포인트에서 삼각베이스 섹션을 나눈다.
2. 두 가닥의 스트랜드를 나누어 교차시킨다.

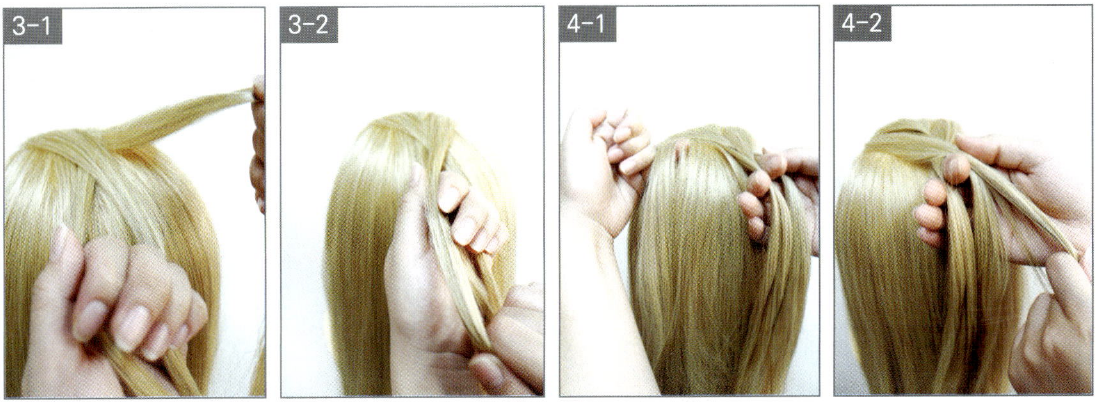

3. 오른쪽 섹션 1.5 cm를 왼쪽의 스트랜드 교차시킨다.
4. 왼쪽 섹션 1.5 cm를 오른쪽 스트랜드로 교차시킨다.

5. 양쪽을 반복 교차한다.
6. 골덴 포인트 부분에서 각도를 들어주면 스타일이 완성 되었을 때 많이 쳐지는 스타일이 된다.
   각도는 디자인에 따라 조절할 수 있다.

7. 같은 방법으로 왼쪽, 오른쪽의 섹션을 떠서 스트랜드를 교차시키면서 네이프까지 시술한다.

8. 네이프에서 두 가닥의 스트랜드만 남았을 때는 소량의 모발을 떠서 교차한다.

9. 모발 끝까지 교차시킨 후 고무줄로 묶어준다. 묶은 모발 끝은 네이프 방향으로 접어 연출할 수 있다.

10-1

10-2

10-3

10-4

10. 완성작품

3. 크리에이티브 업스타일 겹치기 기법 1

Before

After

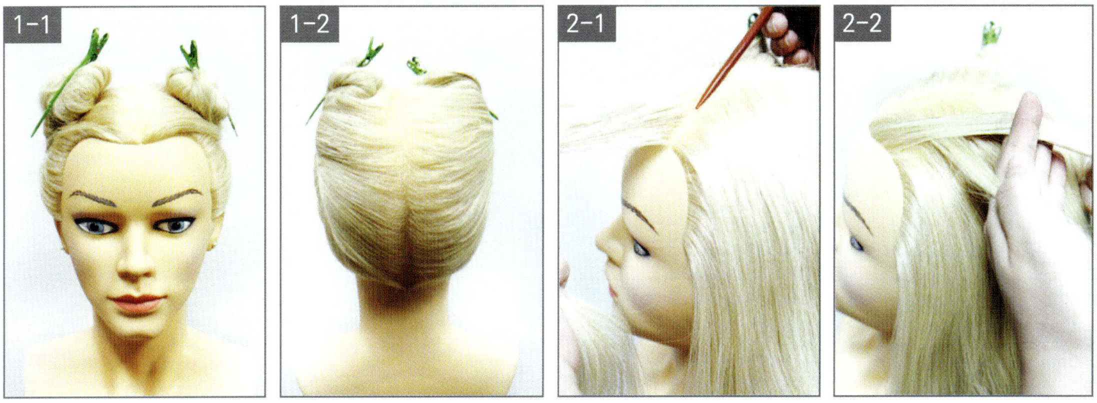

1. 센터 포인트와 네이프 포인트 기준으로 2등분 블로킹을 나눈다.
2. 센터 포인트를 기준으로 삼각베이스를 떠서 두 가닥의 스트랜드로 나누어 교차시킨다.

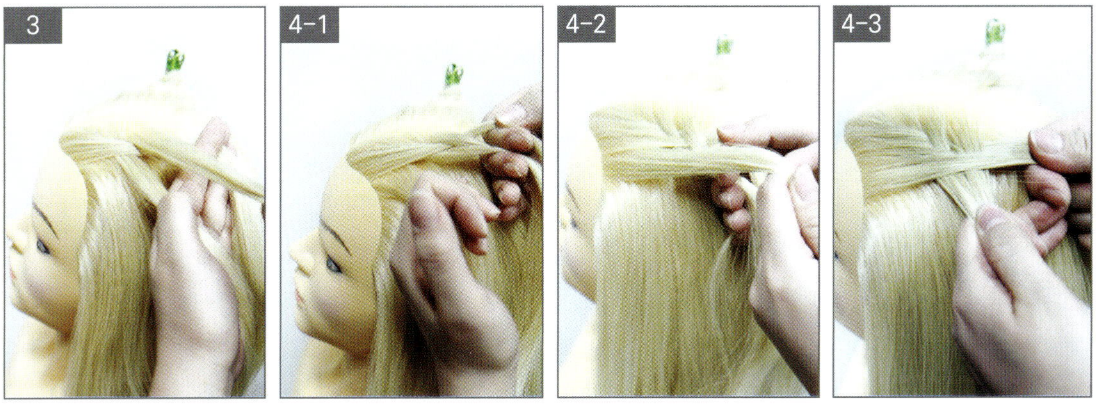

3. 블로킹의 가운데를 기준으로 오른쪽 섹션 1.5 cm를 떠서 왼쪽 스트랜드로 교차시킨다.
4. 왼쪽 섹션 1.5 cm를 떠서 오른쪽 스트랜드로 교차시킨다.

5. 오른쪽 섹션 1.5 cm와 오른쪽 스트랜드 소량을 합쳐 왼쪽 스트랜드로 교차시킨다. 왼쪽 섹션 1.5 cm와 왼쪽 스트랜드 소량을 합쳐 오른쪽 스트랜드로 교차시킨다. 같은 방법으로 네이프까지 시술한다.

6. 교차시켜서 내려온 스트랜드에서 소량의 모발을 반복 교차한다.
7. 모발 끝까지 교차시킨 후 고무줄로 묶어준다.
8. 반대쪽도 동일하게 진행한다.

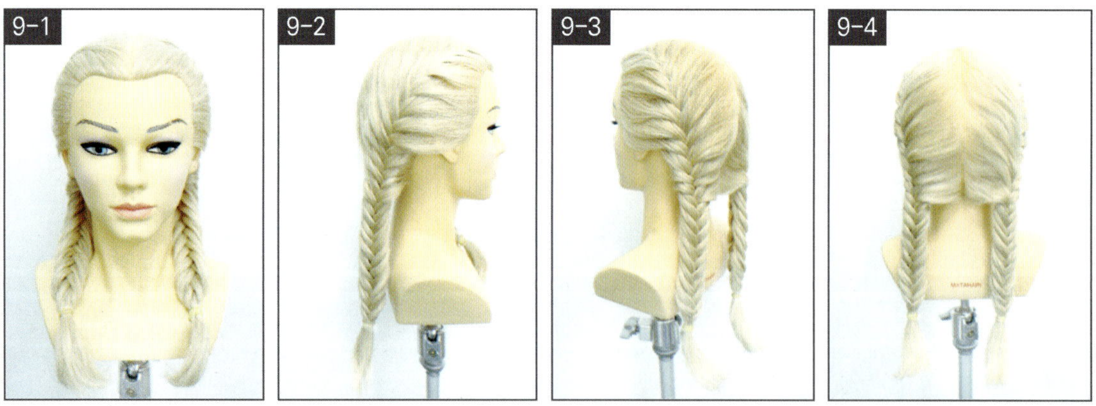

9. 완성작품

직무수행능력 평가

- 크리에이티브 업스타일 겹치기 기법1을 완성해보자

<table>
<tr><td>이름</td><td></td><td>학번</td><td></td></tr>
<tr><td colspan="4">실 습 과 정</td></tr>
<tr><td colspan="4">※ 이곳에 실습과정 사진을 붙이세요.</td></tr>
<tr><td colspan="4">◎ 실습과정 중 어려웠던 점</td></tr>
<tr><td colspan="4">◎ 해결방안</td></tr>
</table>

<table>
<tr><td rowspan="2">구분</td><td rowspan="2">평가내용</td><td colspan="3">평가결과</td></tr>
<tr><td>상</td><td>중</td><td>하</td></tr>
<tr><td>사전준비</td><td>실습을 위한 사전 준비가 잘 되었는가?</td><td></td><td></td><td></td></tr>
<tr><td rowspan="2">이해력</td><td>업스타일 디자인에 따른 브로킹과 삼각베이스를 이해하였는가?</td><td></td><td></td><td></td></tr>
<tr><td>디스코 방법으로 겹치기 기법을 이해하고 진행하였는가?</td><td></td><td></td><td></td></tr>
<tr><td>수행능력</td><td>두상의 곡면에 따른 각도 설정은 잘 되었는가?</td><td></td><td></td><td></td></tr>
<tr><td>수행결과</td><td>최종작품에 좌우대칭이 되었는가?</td><td></td><td></td><td></td></tr>
</table>

4. 크리에이티브 업스타일 겹치기 기법 2

Before

After

1. 센터파팅을 한다. 센터포인트에서 2 cm×2 cm 직경의 베이스를 떠서 수평방향으로 당겨준다.
   센터파팅 라인을 따라서 2 cm씩 이동하며 베이스를 떠준다.
   첫 번째 베이스는 수평방향으로 당겨진 패널 아래로 내려주고, 두 번째 베이스는 수평방향으로 당겨진 패널 위로 올려준다.
   바구니 딸기를 생각하면 이해가 쉽다.

2. 페이스 라인을 따라 2 cm씩 이동하면서 베이스를 떠준다. 세로베이스는 수평방향으로 당겨주고 가로베이스는 자연시술각으로 떨어뜨려주면서 위 섹션과 서로 교차시켜준다.

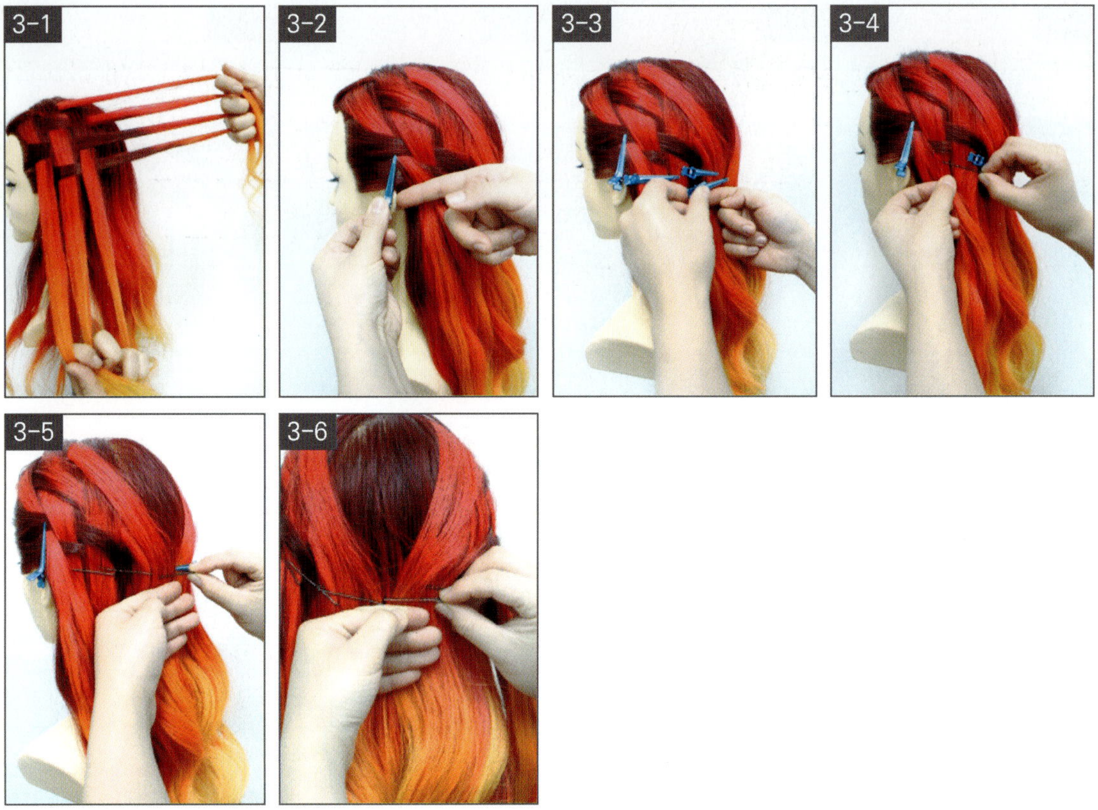

3. 겹치기를 진행하면서 백 포인트 라인에서 겹치기를 중단하고 핀컬핀으로 고정해준다. 오른쪽도 동일한 방법으로 진행한 뒤 핀컬핀을 제거하고 보비핀으로 고정한다.

4. 세로 첫번째 섹션을 세가닥으로 나누어 땋기를 진행한다. 끝부분은 백콤을 넣어 땋기가 풀리지 않게 고정한다.

5. 반대쪽도 같은 방법으로 땋아준 다음 모발 끝부분은 백콤으로 고정한다.

6. 땋은 모발로 백포인트 부분에 있는 보비핀을 가려주면서 유핀으로 고정한다.

7. 완성작품

직무수행능력 평가

- 크리에이티브 업스타일 겹치기 기법2를 완성해보자

이름		학번	
실 습 과 정			
※ 이곳에 실습과정 사진을 붙이세요.			
◎ 실습과정 중 어려웠던 점			
◎ 해결방안			

구분	평가내용	평가결과		
		상	중	하
사전준비	실습을 위한 사전 준비가 잘 되었는가?			
이해력	바구니 땋기를 이해하였는가?			
	핀 처리를 이해하였는가?			
수행능력	바구니 땋기를 이용한 겹치기 기법이 잘 되었는가?			
수행결과	최종작품에 좌우대칭이 되었는가?			

보충학습

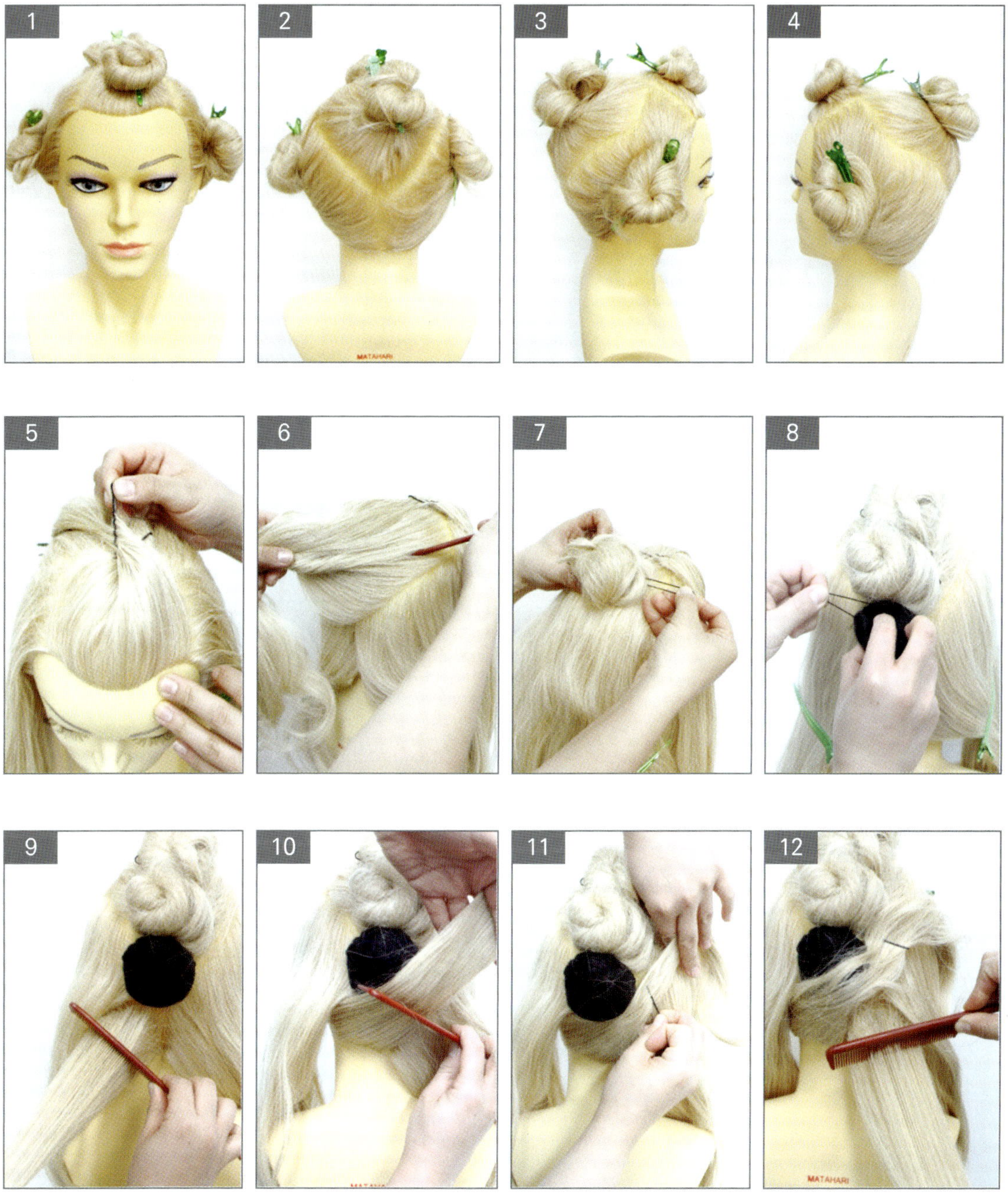

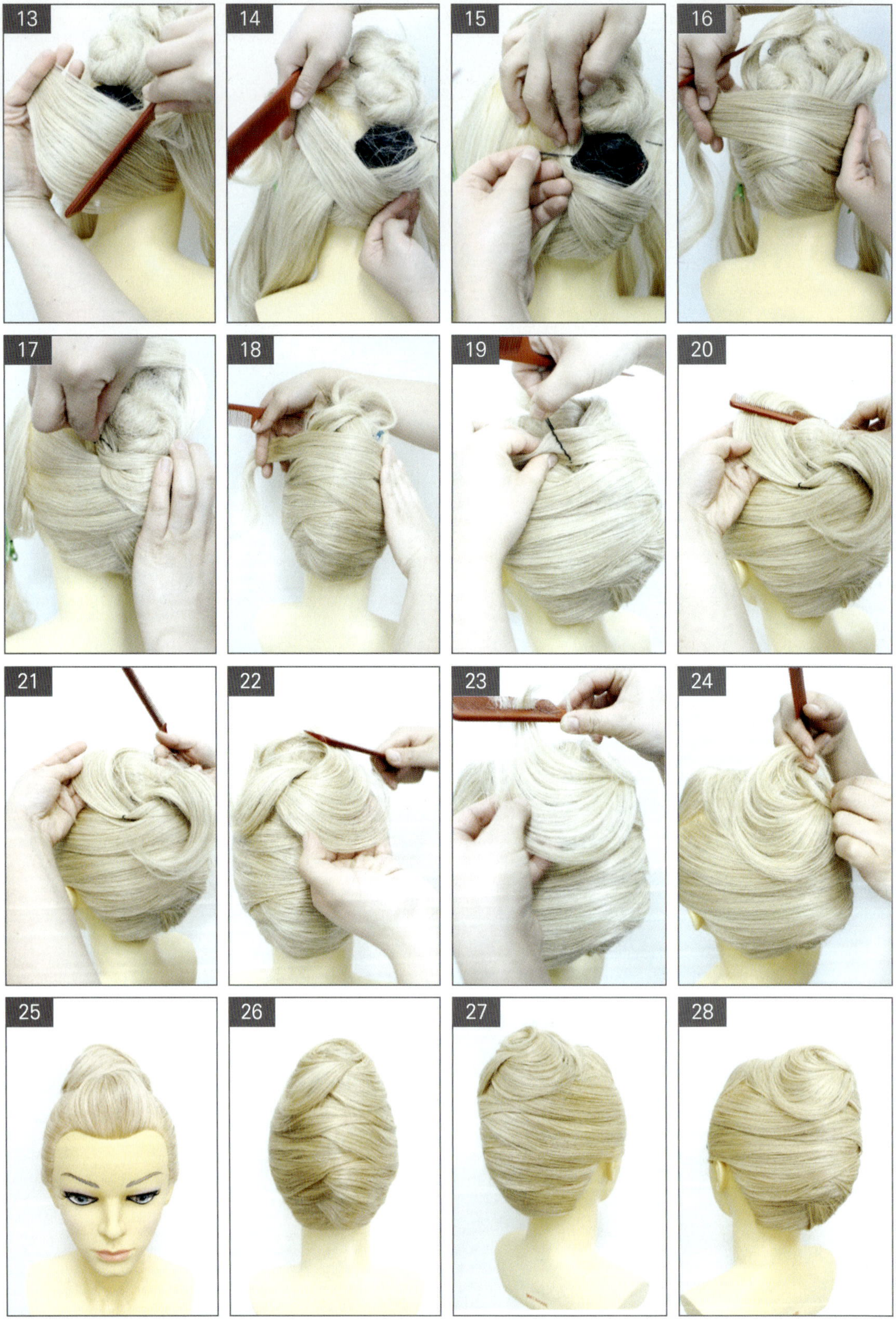
13
14
15
16
17
18
19
20
21
22
23
24
25
26
27
28

CHAPTER 13

고리 기법

학/습/목/표

- 고리 기법을 익힌 후 고리 디자인을 연출할 수 있다.

1. 고리 기법 개념

모발을 접거나 동그랗게 하여 곡선모양으로 고정시켜 만드는 방법으로 고리모양의 변형에 의해 다양한 디자인을 유도할 수 있다. 또한 고리 숫자의 증가에 따라 형태의 확장이나 볼륨감을 조절하여 표현할 수 있다.

1) 외고리

외고리는 한 개의 고리를 만들기 위해 모발을 접어 핀으로 고정하는 것이다.

2) 겹고리

한 개의 섹션으로 두 개의 고리를 만드는 것으로 같은 모양과 방향으로 만들어지거나 또는 다른 모양과 방향의 혼합으로 형태를 달리 할 수 있다.

2. 베이직 업스타일 고리 기법 1

Before

After

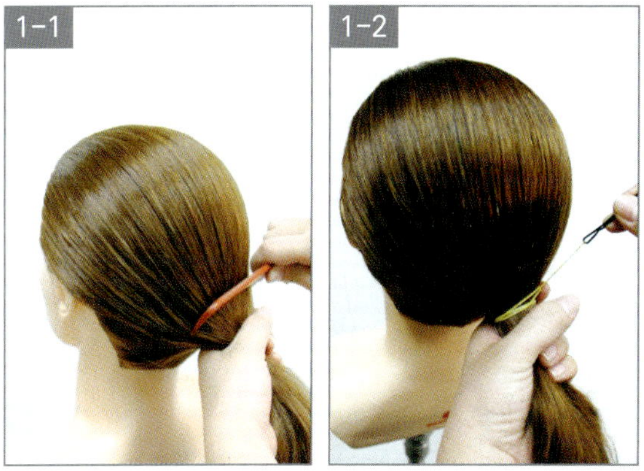

1. 네이프 쪽으로 전체적으로 곱게 빗질하고 스프레이를 분사하여 깨끗하게 정리한 다음 고무줄과 보비핀을 이용하여 포니테일을 만든다.

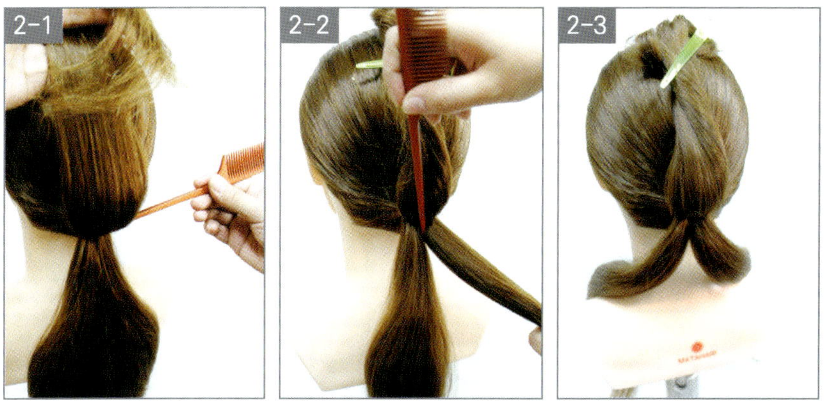

2. 세 개의 패널(panel)로 나눈다.

3. 각각의 패널에 헤어망을 씌운다.

4. 중간 모발을 S자 형으로 돌려서 토대 윗부분에 얹어 U핀으로 고정한다.

5. 두 번째 오른쪽 패널을 오른쪽 S자 형으로 돌려서 고정한다.

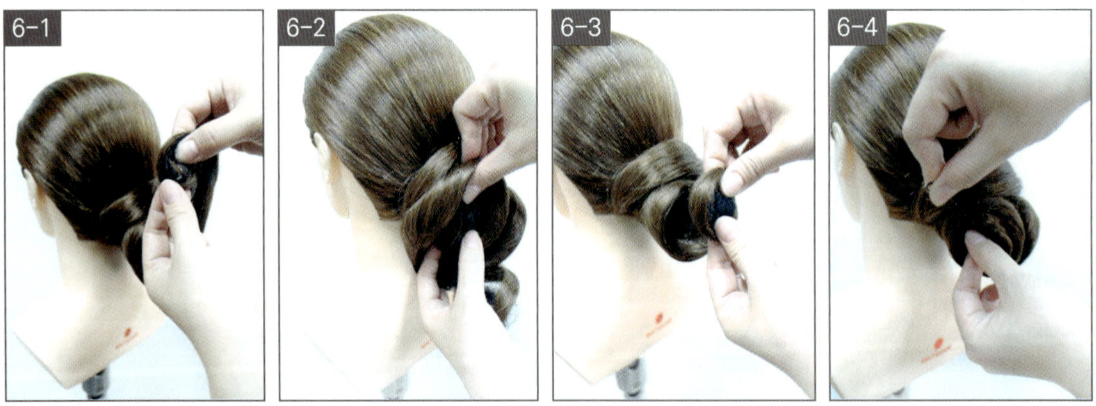

6. 세 번째 왼쪽의 패널을 왼쪽 S자 형으로 돌려서 고정한다.

7. 완성작품

3. 크리에이티브 업스타일 고리 기법 1

Before

After

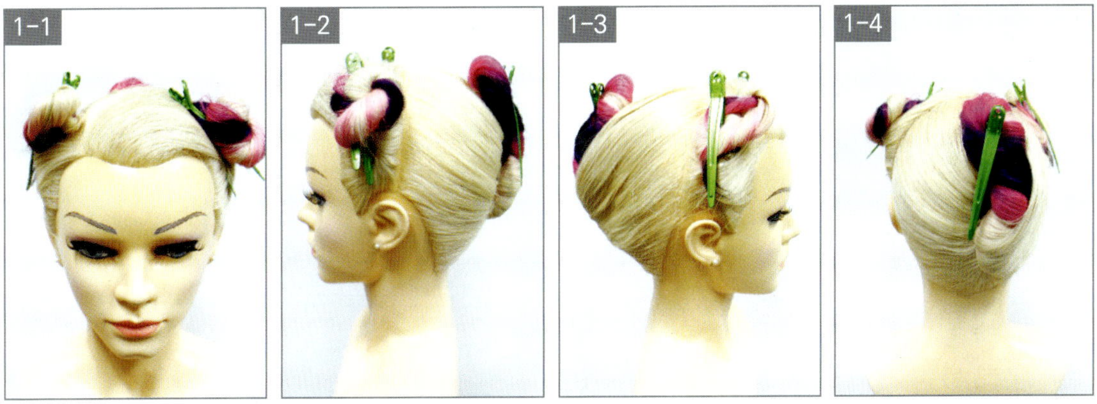

1. 오른쪽 프론트 사이드 포인트, 탑 포인트, 이어 백 포인트 기준으로 3등분 블로킹을 나눈다.

2. 백 네이프 미디움 포인트(back nape medium point)에 고무줄로 묶어 토대를 만든다.

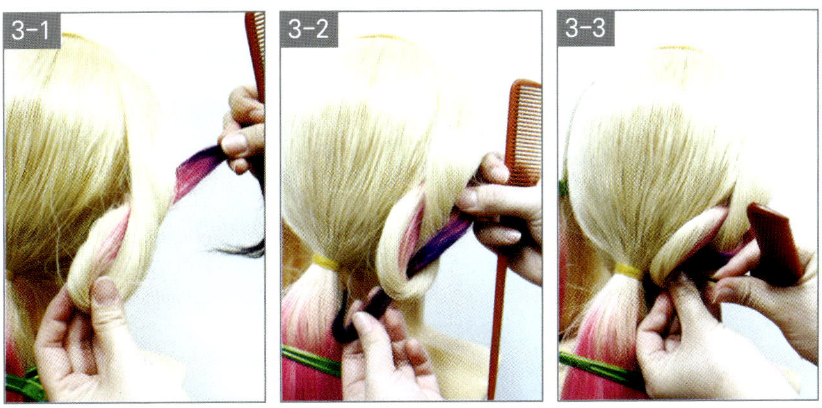

3. 오른쪽 사이드의 모발은 뒤쪽으로 매듭을 지은다.

4. 매듭의 모발 끝을 묶음 토대에 감싸 보비핀으로 고정한다.

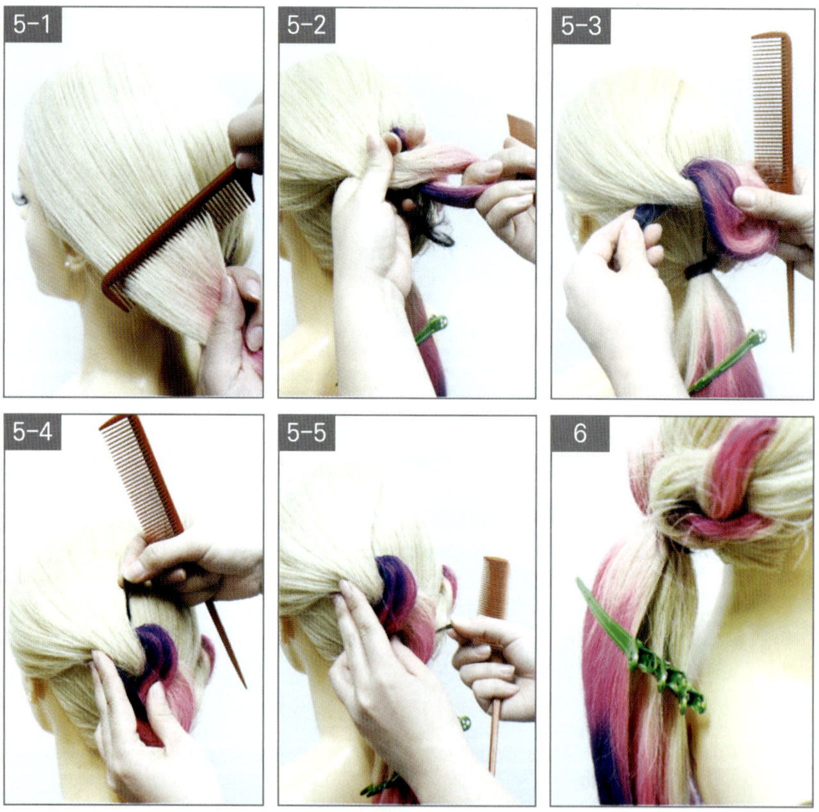

5. 왼쪽 사이드의 모발은 백 포인트 방향으로 매듭을 지어 보비핀으로 고정한다.
6. 묶음 토대의 모발은 세 가닥의 패널로 나눈다.

7. 왼쪽에서 오른쪽으로 원을 그리듯이 돌리면서 C의 흐름으로 고리를 만들어 세 가닥의 패널이 점차적으로 커지게 연출한다.

8. 세 가닥의 패널을 하나로 합쳐 S흐름으로 웨이브를 연출한다.
9. 모발 끝은 뱅을 만들어 고정한다.

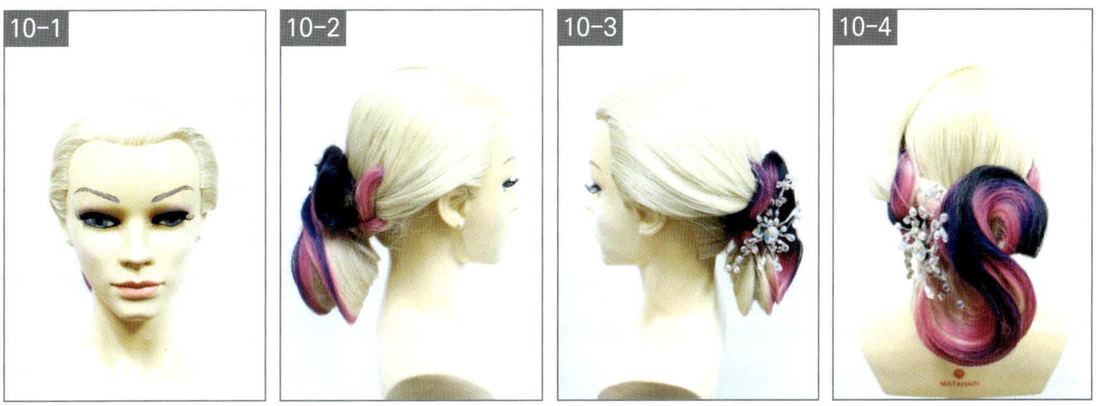

10. 완성작품

직무수행능력 평가

- 크리에이티브 업스타일 고리 기법1을 완성해보자

<table>
<tr><td>이름</td><td></td><td>학번</td><td></td></tr>
<tr><td colspan="4">실 습 과 정</td></tr>
<tr><td colspan="4">※ 이곳에 실습과정 사진을 붙이세요.</td></tr>
<tr><td colspan="4">◎ 실습과정 중 어려웠던 점</td></tr>
<tr><td colspan="4">◎ 해결방안</td></tr>
</table>

<table>
<tr><th rowspan="2">구분</th><th rowspan="2">평가내용</th><th colspan="3">평가결과</th></tr>
<tr><th>상</th><th>중</th><th>하</th></tr>
<tr><td>사전준비</td><td>실습을 위한 사전 준비가 잘 되었는가?</td><td></td><td></td><td></td></tr>
<tr><td rowspan="2">이해력</td><td>업스타일 디자인에 맞는 브로킹을 이해하였는가?</td><td></td><td></td><td></td></tr>
<tr><td>작품의 디자인 순서를 이해하였는가?</td><td></td><td></td><td></td></tr>
<tr><td>수행능력</td><td>3가닥의 패널이 점차적으로 커지는 C자 고리를 형성하였는가?</td><td></td><td></td><td></td></tr>
<tr><td>수행결과</td><td>구도에 맞는 S자 흐름의 웨이브를 형성하였는가?</td><td></td><td></td><td></td></tr>
</table>

4. 크리에이티브 업스타일 고리 기법 2

Before

After

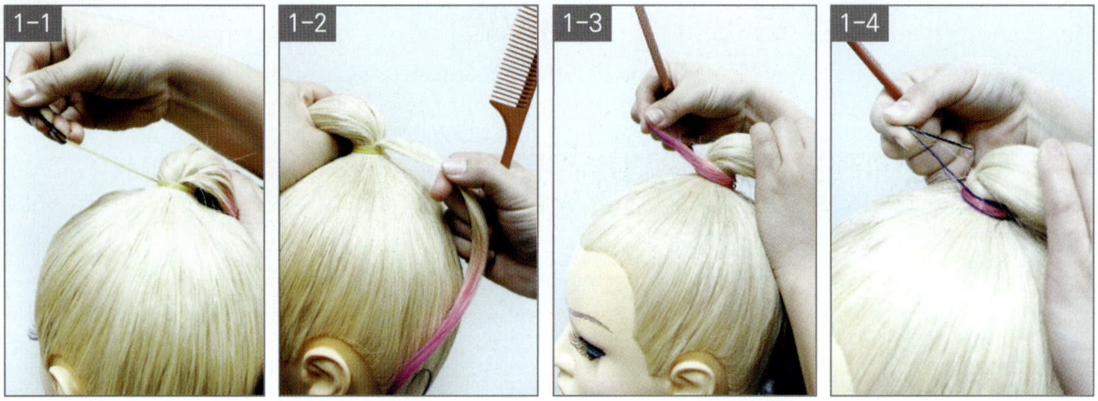

1. 탑 골덴 미디움 포인트(top golden medium point)에 하나의 포니테일로 묶는다.
이때 소량의 모발로 고무줄을 가려준다.

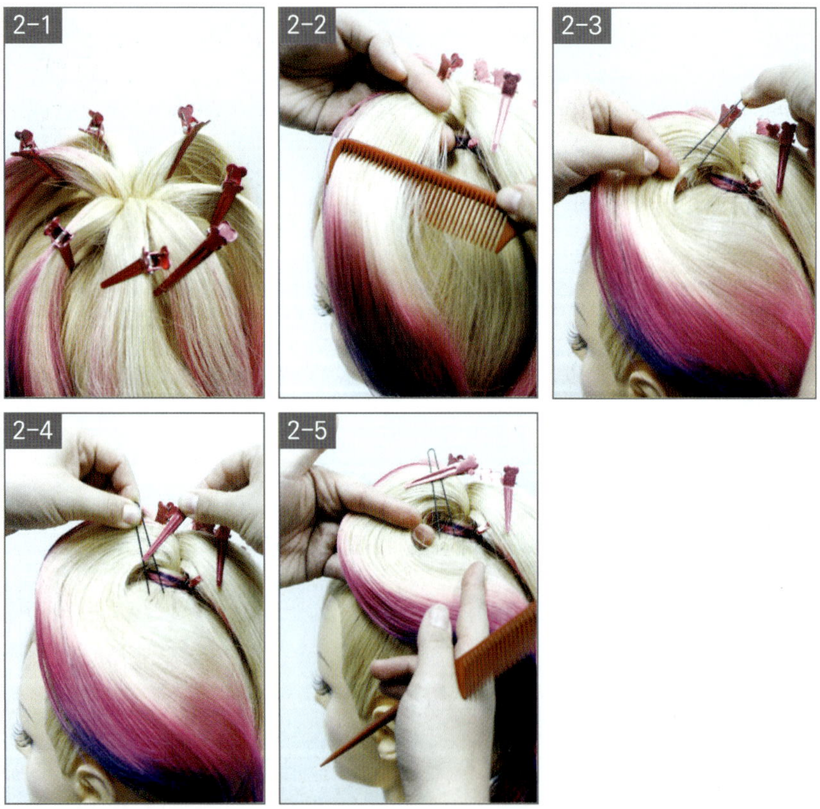

2. 7가닥의 패널로 나누고 첫 번째 패널을 왼쪽에서 프론트 부분 쪽으로 가져와 S자 웨이브로 고정한다.

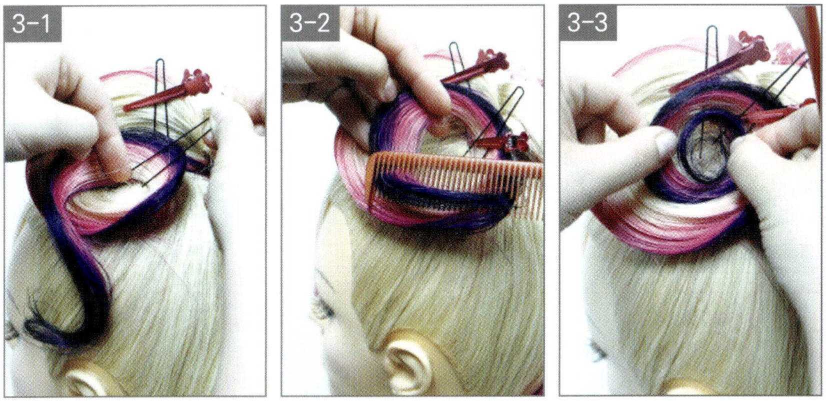

3. 모발 끝은 고리 형태로 안쪽으로 말아준다.

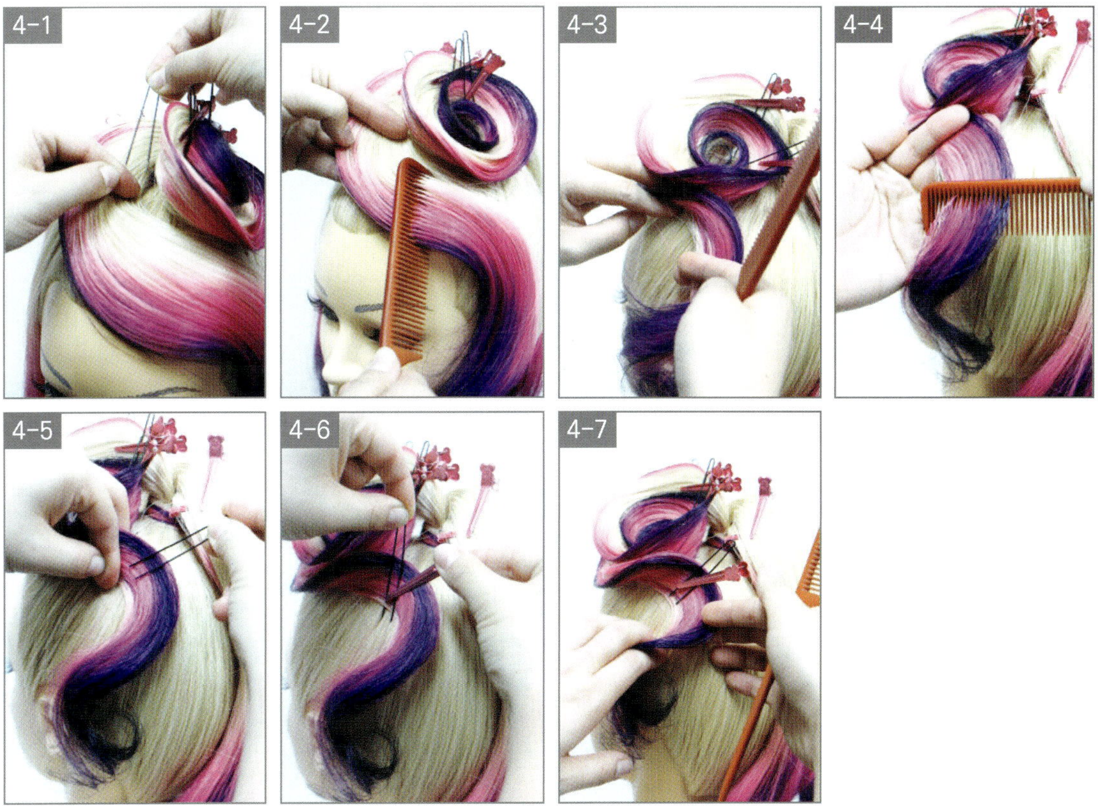

4. 두번째 섹션을 S흐름으로 하면서 백부분으로 내려 S형태로 입체감을 살리면서 내려간다.
   두 번째 패널은 S의 흐름으로 첫 번째 패널 옆으로 가져간다.
   이때 패널은 약간의 백콤을 넣어 브러쉬로 곱게 빗질하여 준다.

5. 모발 끝은 뱅의 형태로 고정한다.

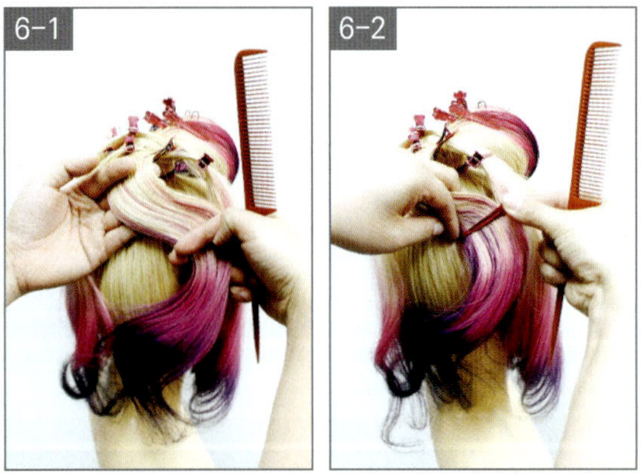

6. 세 번째 패널을 다시 오른쪽 첫 번째 옆으로 가져간다.
패널의 중간부분부터 S의 흐름이 되도록 한다.

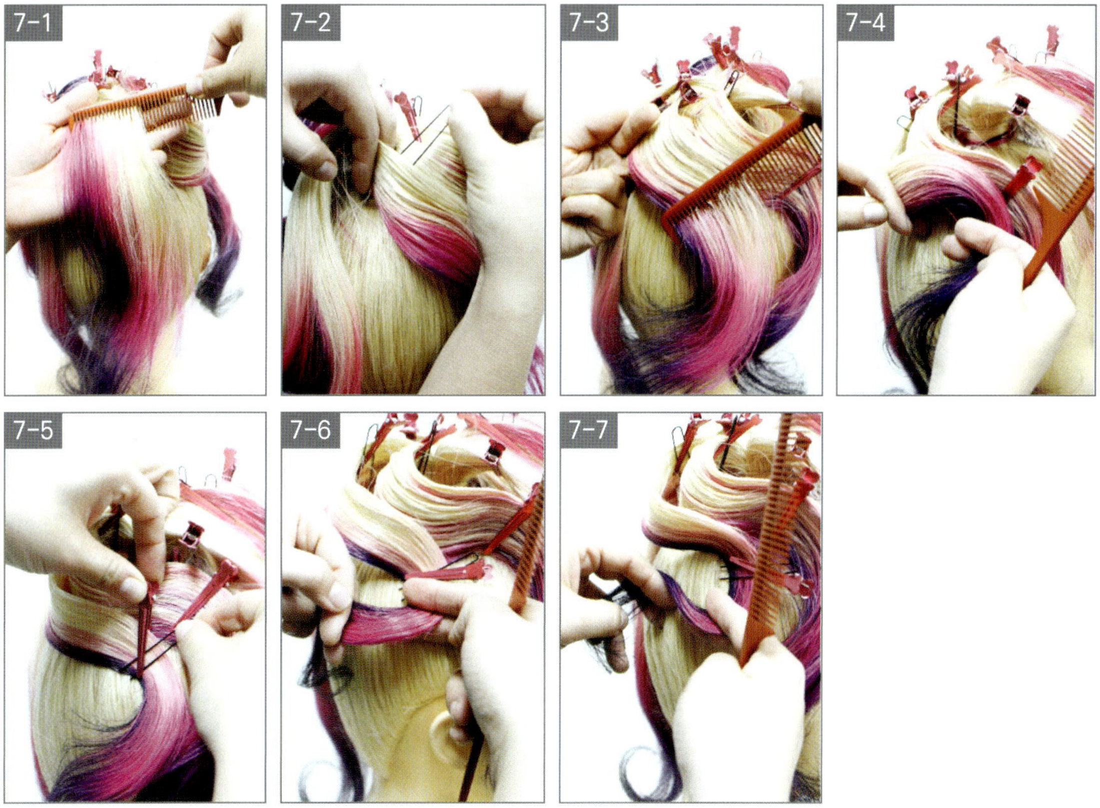

7. 네 번째 패널은 세 번째 패널의 흐름을 따라 S자형으로 고정한다.

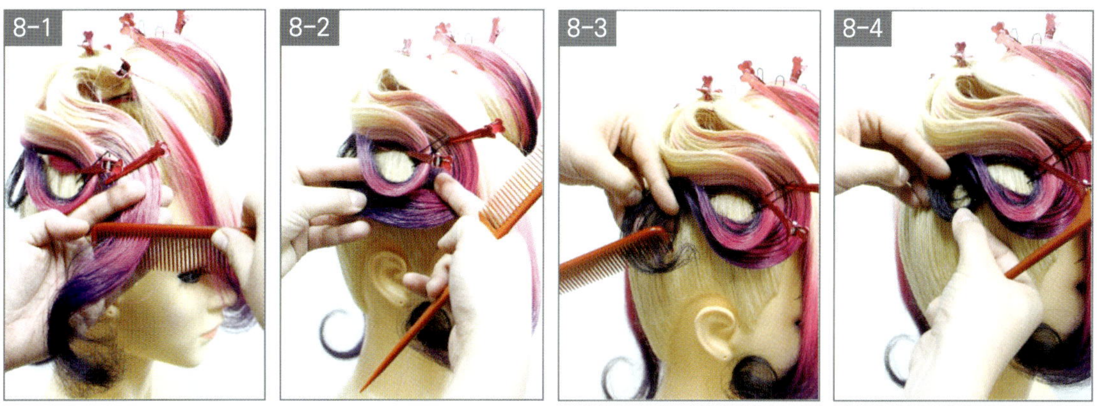

8. 세 번째 패널의 모발 끝부분은 네 번째 패널에 맞춰 S자형으로 고정한다.

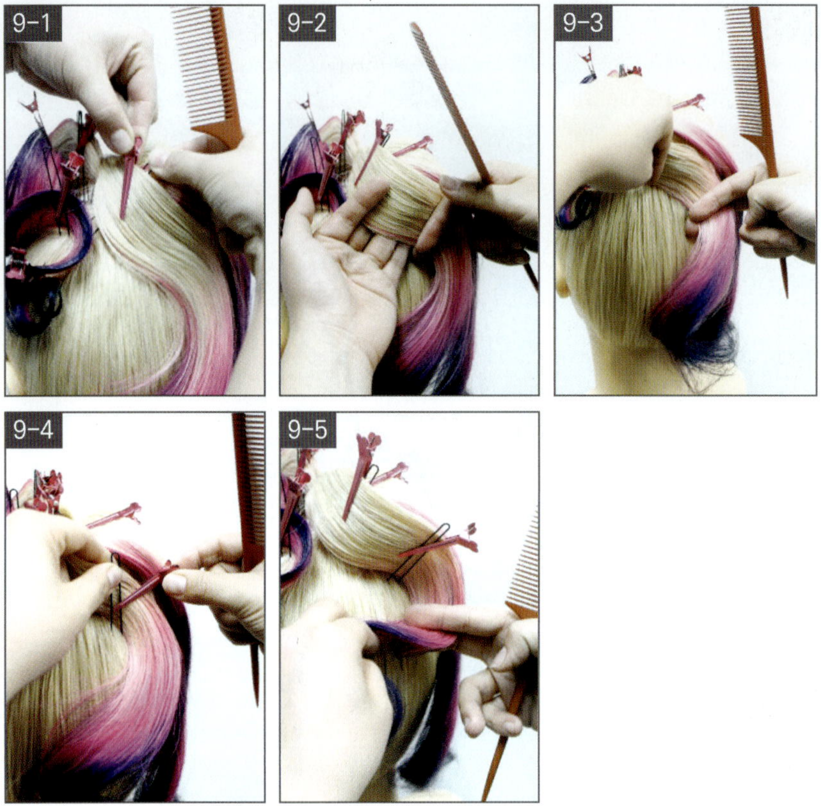

9. 다섯 번째 패널도 S자 형으로 고정한다.

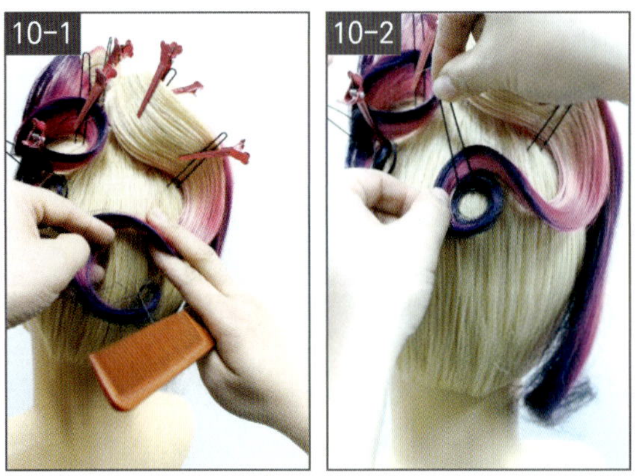

10. 모발 끝은 뱅으로 마무리한다.

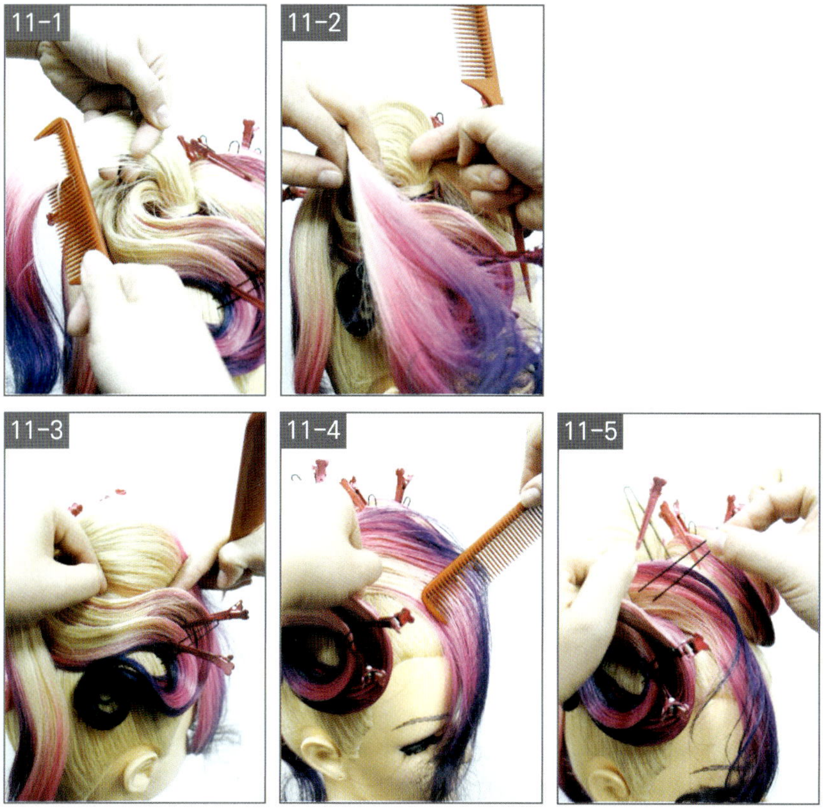

11. 여섯 번째 패널은 묶음 토대 위에 S자 형으로 얹어 고정한다.

12-1

12-2

12-3

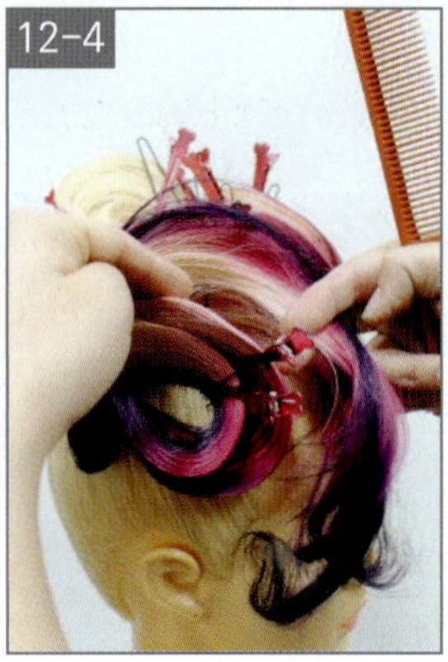
12-4

12-5

13-1

13-2

12. 일곱 번째 패널은 약간의 공간을 두고 여섯 번째 패널 왼쪽 부분에 S자 형으로 연결한다.
13. 고정시 삼각구도로 헤어스타일을 완성한다.

14-1

14-2

14-3

14-4

14. 완성작품

직무수행능력 평가

- 크리에이티브 업스타일 고리 기법2를 완성해보자

<table>
<tr><td>이름</td><td></td><td>학번</td><td></td></tr>
<tr><td colspan="4">실 습 과 정</td></tr>
<tr><td colspan="4">※ 이곳에 실습과정 사진을 붙이세요.</td></tr>
<tr><td colspan="4">◎ 실습과정 중 어려웠던 점</td></tr>
<tr><td colspan="4">◎ 해결방안</td></tr>
</table>

<table>
<tr><td rowspan="2">구분</td><td rowspan="2">평가내용</td><td colspan="3">평가결과</td></tr>
<tr><td>상</td><td>중</td><td>하</td></tr>
<tr><td>사전준비</td><td>실습을 위한 사전 준비가 잘 되었는가?</td><td></td><td></td><td></td></tr>
<tr><td rowspan="2">이해력</td><td>포니테일의 위치를 잘 이해하였는가?</td><td></td><td></td><td></td></tr>
<tr><td>7개의 패널에 대한 위치와 순서를 이해하였는가?</td><td></td><td></td><td></td></tr>
<tr><td>수행능력</td><td>7개의 패널이 각자의 위치에서 S흐름의 고리를 형성하였는가?</td><td></td><td></td><td></td></tr>
<tr><td>수행결과</td><td>전체적인 작품의 구도가 잘 형성하였는가?</td><td></td><td></td><td></td></tr>
</table>

보충학습

13
14
15
16
17
18
19
20
21
22
23
24
25
26
27
28

읽어보기

풍성한 헤어스타일 연출을 위해 선택한 두피 문신

최근 탈모환자가 급증하고 있다. 탈모는 유전적 요인, 수면부족, 스트레스, 과로, 음주, 흡연 등 매우 다양하며, 탈모환자의 연령이 점점 낮아지면서 스타일링에 민감한 젊은층에서 매우 큰 고민으로 나타나고 있다.

모발 이식 수술마저 어려운 탈모환자들이 선택한 것은 바로 두피 문신이다.

두피 문신은 정수리나 헤어라인 부위 등 두피가 보이는 곳에 점을 찍어 탈모 부분을 숨기고, 모발이 있는 것처럼 시각적인 효과를 만들어줄 수 있다. 비교적 짧은 시간에 효과적인 인상관리를 해 줄 수 있고, 마취가 특별히 필요 없으며 하루 이틀 내로 샴푸가 가능하여 일상생활에도 지장을 주지 않기 때문에 탈모환자들이 많은 관심을 갖고 있다. 탈모질환에 시행하는 두피 문신은 의료용 잉크로 안전하게 병원에서 시술을 받는 것이 좋다.

그러나 지루성 두피염과 같이 두피에 문제가 있어 탈모가 생긴 경우 원인을 해결하지 않고 두피 문신을 하게 되면 탈모가 더욱 악화될 우려가 있으므로 부작용에 주의를 요한다.

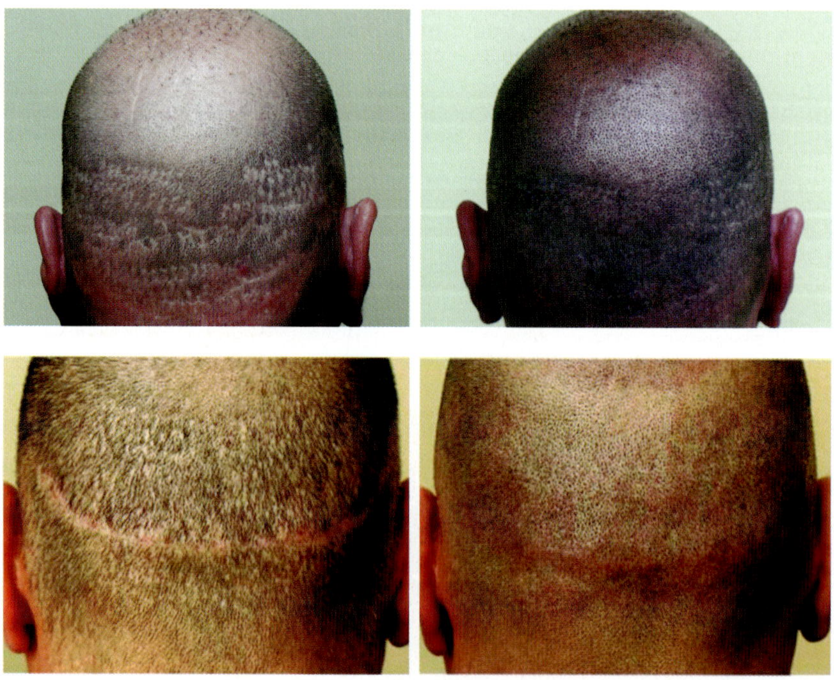

Part Ⅵ

크리에이티브 업스타일

단원 소개

앞에서 익힌 업스타일 기본 기법을 토대로 이 장에서는 산업체에서 응용할 수 있는 응용스타일을 연출하는 법을 숙지하도록 한다. 업스타일 디자인의 결정 요소 중 내적요소에 해당하는 상황조건에 따라 업스타일을 연출할 수 있다.

CHAPTER 14

웨딩 업스타일

1. 웨딩 스타일 1

Before

After

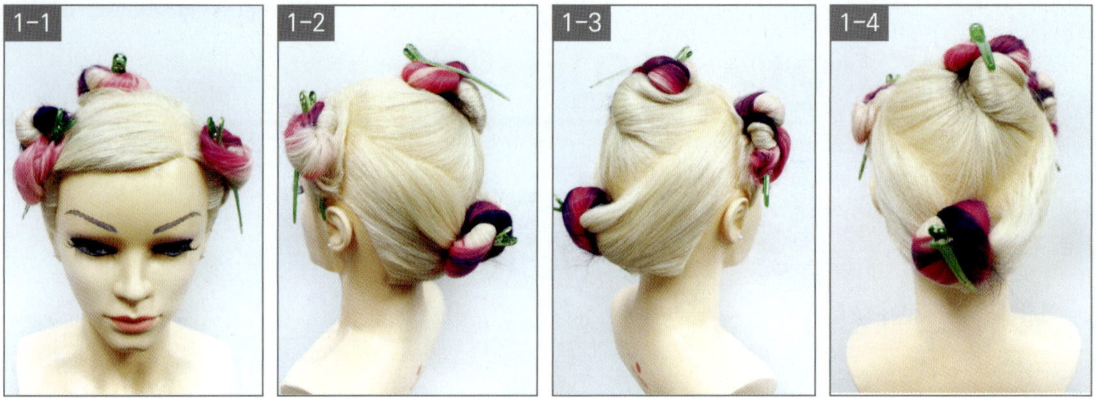

1. 투 이어 파트로 나누고 사이드 피팅을 한 후, 후두부는 백 포인트를 기준으로 V라인으로 블로킹을 나눈다.

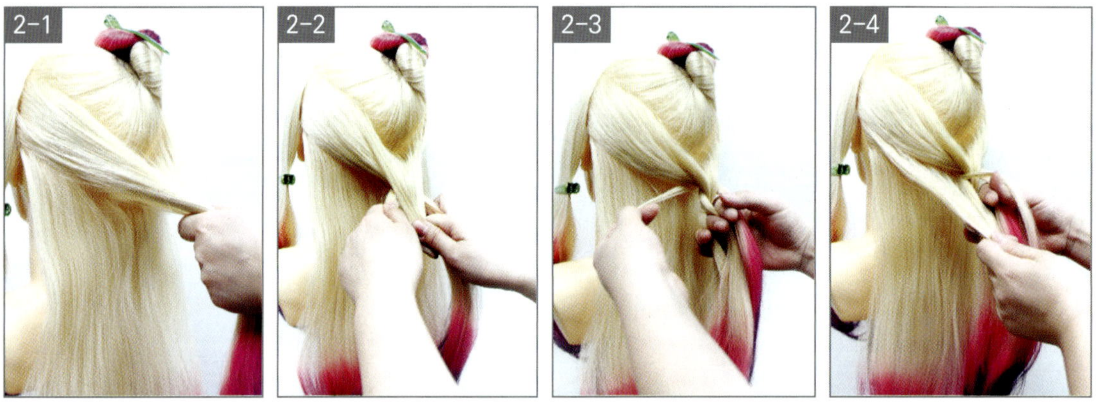

2. 네이프의 모발은 세 가닥 땋기를 진행한다.

3. 이때 땋은 모발을 소량씩 양쪽에 남겨두고 땋기를 진행한다.

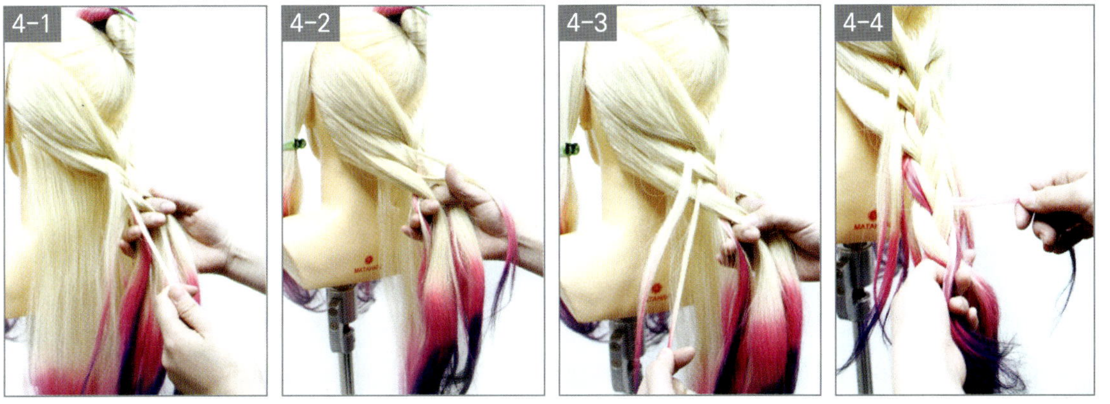

4. 모발 끝까지 동일한 방법으로 진행한다.

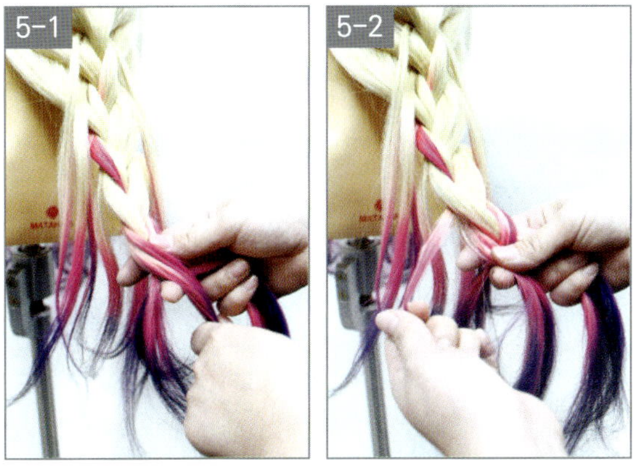

5. 모발 끝까지 땋은 모발은 핀컬핀으로 임시 고정한다.

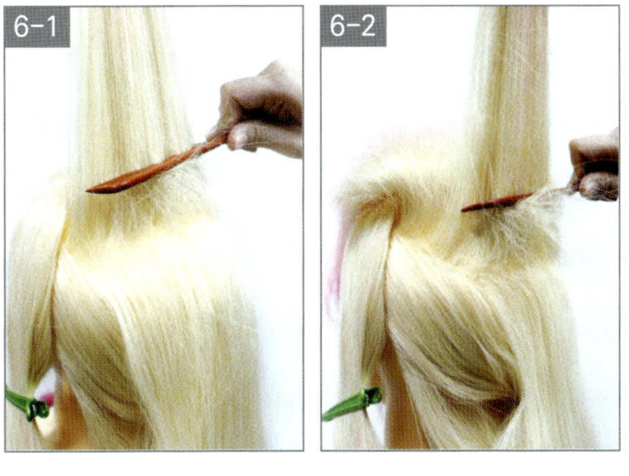

6. 탑 포인트부터 백 포인트까지 호리존탈 섹션으로 나눠 안쪽에만 백콤을 넣어준다.

7. 세 가닥의 스트랜드로 나눠 세 가닥 땋기를 진행한다. 이때 밑부분에 소량씩 빼놓았던 모발을 가져와 연결하여 땋기를 진행한다.

8. 모발 끝까지 동일한 방법으로 땋아준다.

9. 모발 끝까지 땋기가 끝났으면 고무줄로 묶은 후 소량의 모발로 밴드를 감싸준다.

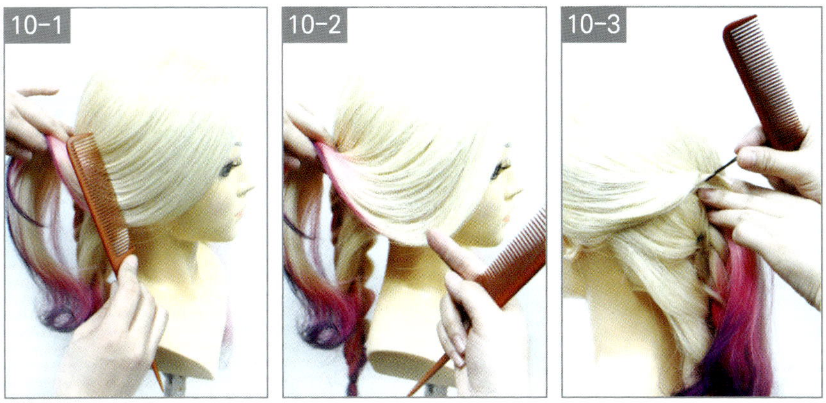

10. 프론트의 모발은 왼쪽 프론트 사이드 포인트 가르마를 나눈 다음 양 사이드를 늘어뜨린 후 백 포인트에 핀 고정한다.

11. 백 포인트에서 합쳐 묶을 때 모발을 끝까지 빼지 말고 중간까지만 빼서 고리 형태로 만든 후 2 가닥으로 나눠 리본형태로 만든다. 남은 모발을 이용하여 가운데를 감싸준다.

12. 리본의 모양을 예쁘게 잡기 위해 U핀으로 고정해준다. 완성된 스타일에 악세사리를 장식한다.

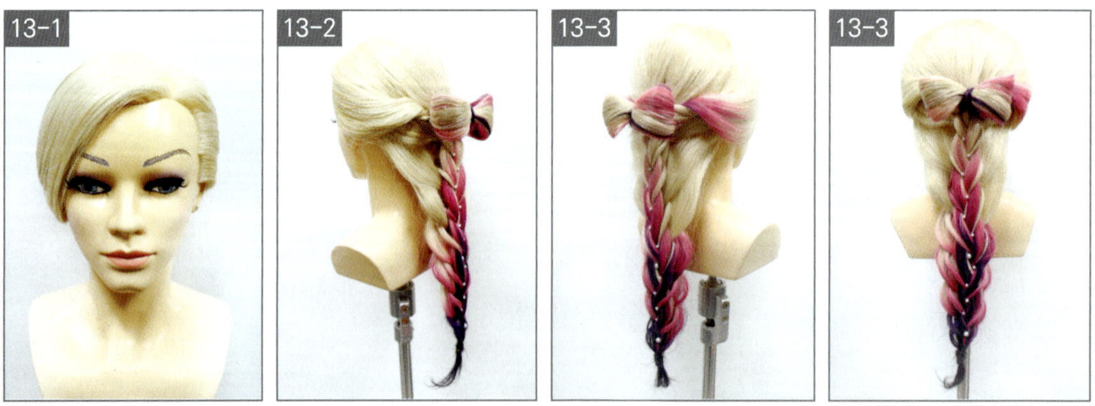

13. 완성작품

직무수행능력 평가

- 웨딩 스타일1을 완성해보자

이름		학번
실 습 과 정		
※ 이곳에 실습과정 사진을 붙이세요.		
◎ 실습과정 중 어려웠던 점		
◎ 해결방안		

구분	평가내용	평가결과		
		상	중	하
사전준비	실습을 위한 사전 준비가 잘 되었는가?			
이해력	디자인에 맞는 파팅과 블로킹을 이해하였는가?			
	디자인에 맞는 땋기 기법을 이해하였는가?			
수행능력	리본모양이 잘 형성되었는가?			
수행결과	전체적인 작품의 구도가 잘 형성하였는가?			

2. 웨딩 스타일 2

Before

After

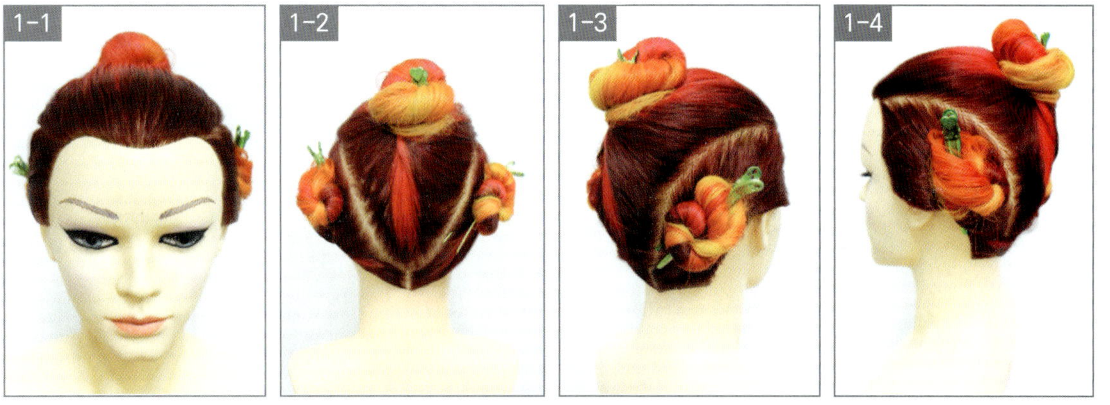

1. 양쪽 사이드 포인트와 백 네이프 미디움 포인트(back nape medium point)를 기준으로 하여 V라인 블로킹을 나눈다.

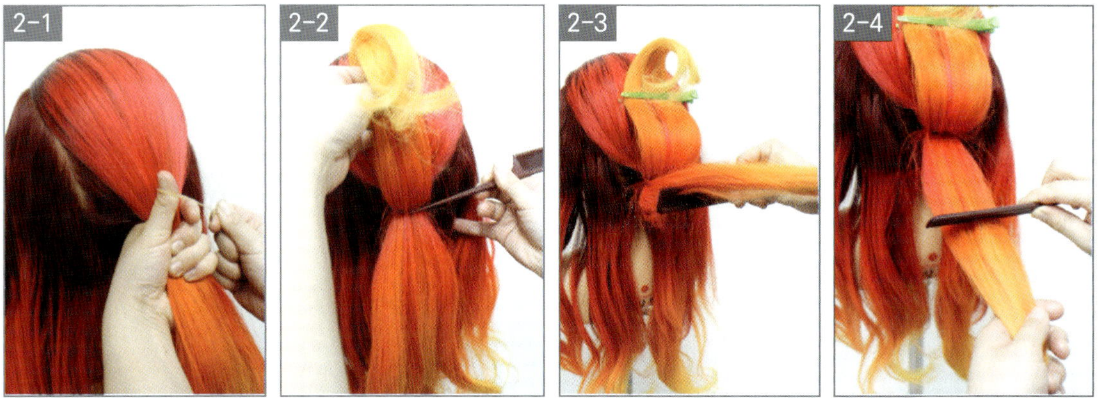

2. 백 네이프 미디움 포인트 위치에 묶음 토대를 만든 후 포니테일을 반으로 나눠 아래 패널에 백콤을 넣는다.

3. 모발 끝부터 말아올려 양쪽을 잡고 늘린 후 번 스타일(bun style)로 고정한다. 위에 올려두었던 패널은 밑으로 내려준다.

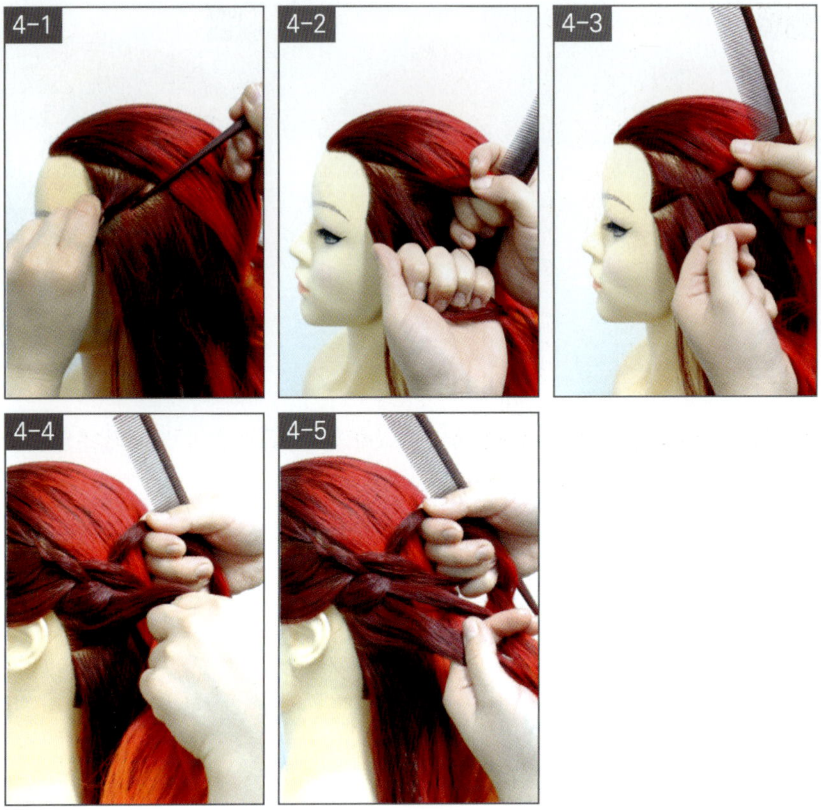

4. 왼쪽 사이드부터 헤어라인 섹션만 가져와 세 가닥 땋기를 진행한다.

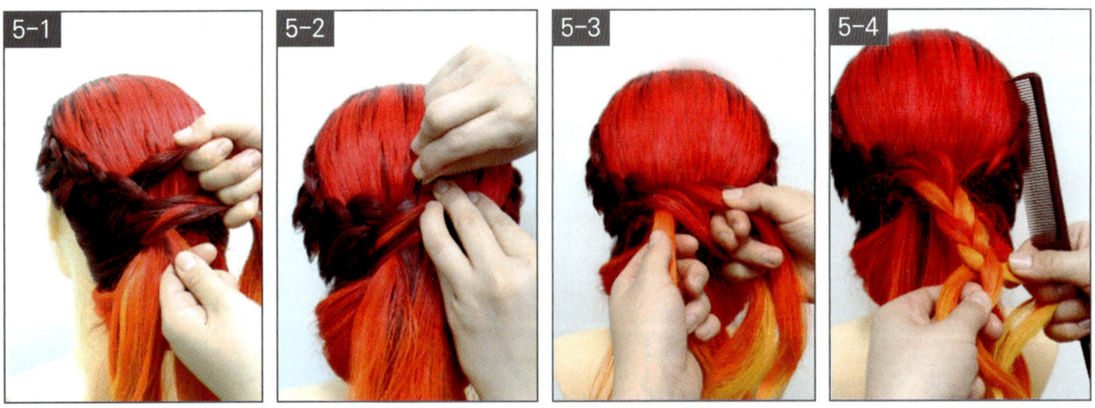

5. 땋기는 블로킹 라인을 따라 진행하고 묶음 토대 위쪽으로 올라와 모발 끝까지 땋아준다.

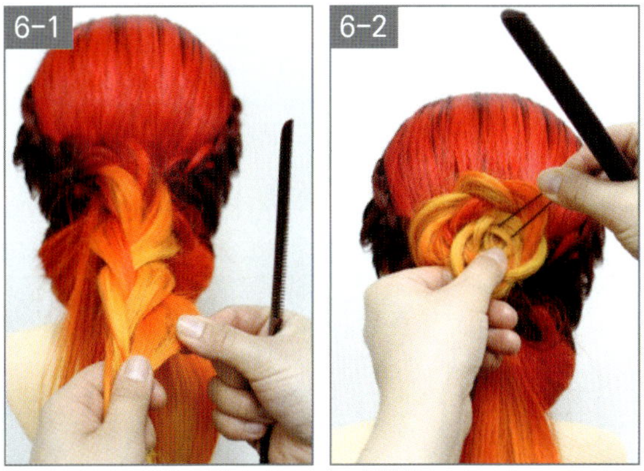

6. 세 가닥 땋기한 모발은 한쪽 방향만 모발을 늘어뜨려준 후 모발 끝부터 말아 올려 꽃모양을 만든 후 고정한다.

7. 반대쪽도 동일하게 진행하고 위에 남겨두었던 모발도 동일한 방법으로 진행하여 삼각구도로 얹어준다.

8. 완성작품

직무수행능력 평가

- 웨딩 스타일2를 완성해보자

이름		
실 습 과 정		
※ 이곳에 실습과정 사진을 붙이세요.		
◎ 실습과정 중 어려웠던 점		
◎ 해결방안		

구분	평가내용	평가결과		
		상	중	하
사전준비	실습을 위한 사전 준비가 잘 되었는가?			
이해력	디자인에 맞는 브로킹을 이해하였는가?			
	작품에 대한 순서를 이해하였는가?			
수행능력	삼각 구도로 꽃모양이 형성하였는가?			
수행결과	전체적인 작품의 구도가 잘 형성하였는가?			

보충학습

CHAPTER 15

파티 업스타일

1. 파티 스타일 1

Before

After

1. 왼쪽 이어 포인트, 오른쪽 사이드 포인트, 오른쪽 이어 백 포인트를 연결하여 3등분 블로킹을 나눈다.

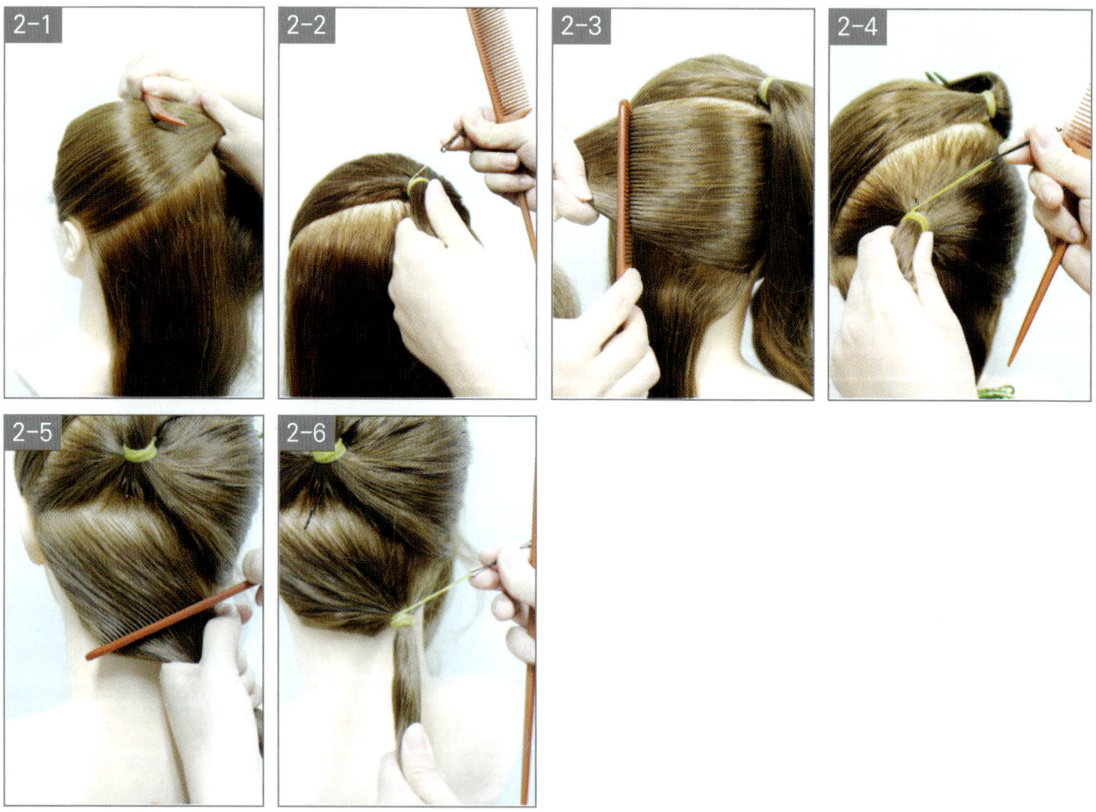

2. 각 블로킹은 곱게 빗질한 후 비대칭으로 3개의 묶음 토대를 만든다.

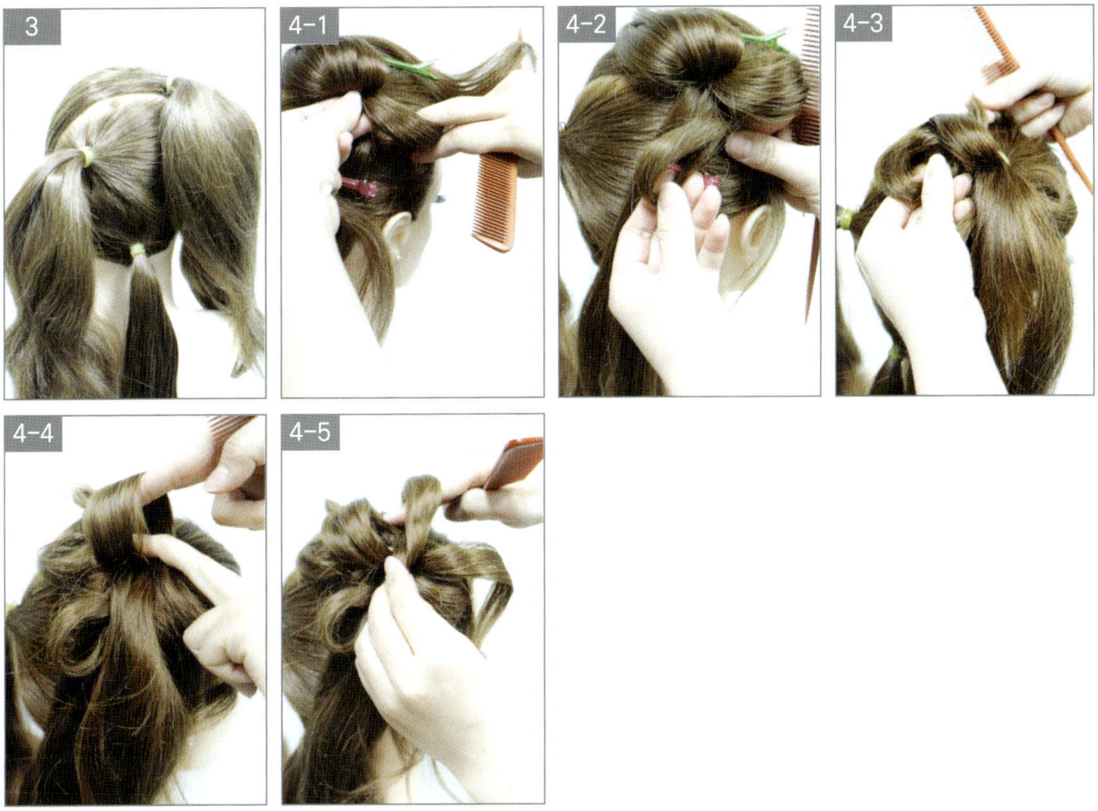

3. 3개의 묶음 토대는 삼각 구도가 되도록 한다.
4. 탑 부분에 포니테일은 소량만 남겨놓고 여러 가닥으로 나눠 고리형태로 고정한다.

5. 미디움 부분에 포니테일도 여러 가닥으로 나눠 고리형태로 고정한다.

5. 미디움 부분에 포니테일도 여러 가닥으로 나눠 고리형태로 고정한다.

6. 탑 부분에 남겨두었던 소량의 모발은 세 가닥 땋기하여 미디움에 위치한 묶음 토대를 지나 네이프에 위치한 묶음 토대에 모발을 감싸 고정한다.

7. 네이프에 위치한 포니테일은 두 가닥으로 나눠 여러번 매듭을 짓는다.

8. 모발 끝까지 매듭을 지은 후 말아 올려 U핀으로 고정한다.

9. 액세서리로 장식한다.

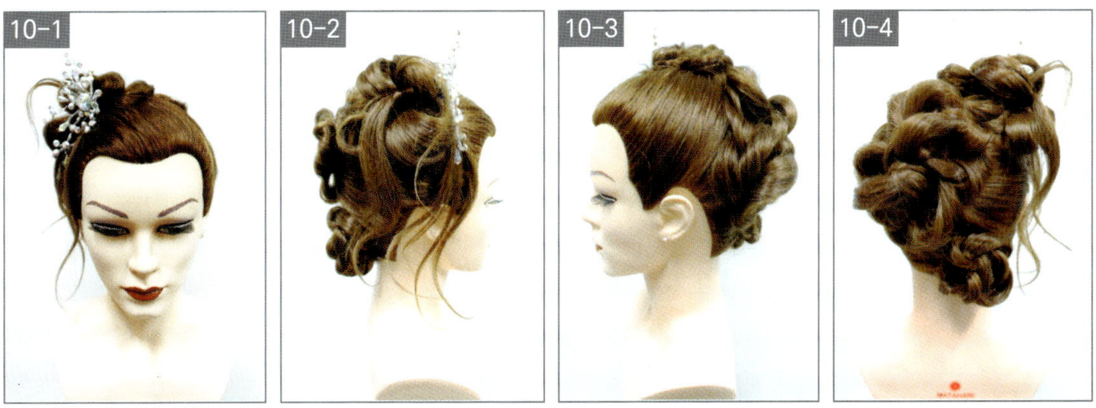

10. 완성작품

직무수행능력 평가

- 파티 스타일1을 완성해보자

이름		학번	
실 습 과 정			
※ 이곳에 실습과정 사진을 붙이세요.			
◎ 실습과정 중 어려웠던 점			
◎ 해결방안			

구분	평가내용	평가결과		
		상	중	하
사전준비	실습을 위한 사전 준비가 잘 되었는가?			
이해력	디자인에 맞는 브로킹을 이해하였는가?			
	작품에 대한 순서를 이해하였는가?			
수행능력	고리로 매듭진 부분이 대칭적으로 잘 형성하였는가?			
수행결과	전체적인 작품의 구도가 잘 형성하였는가?			

2. 파티 스타일 2

Before

After

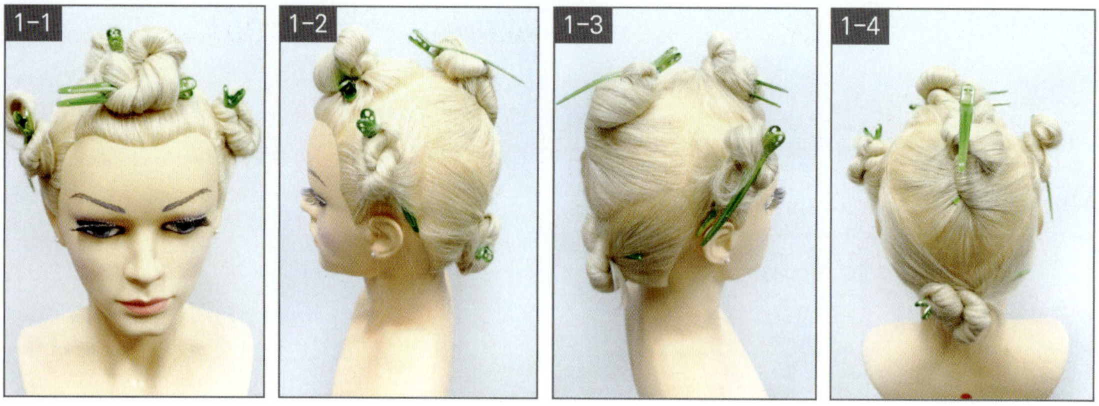

1. 사진에 보이는 바와 같이 블로킹을 나눈다.

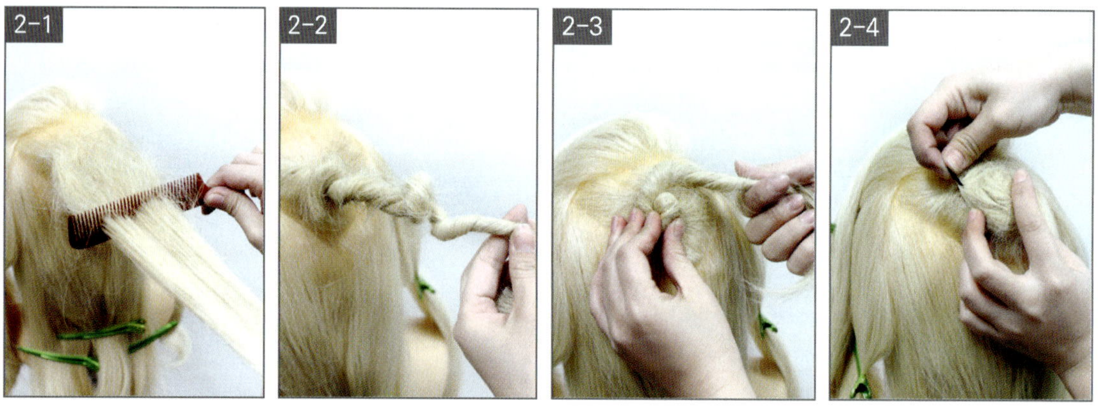

2. 골덴 부분은 V라인으로 섹션을 나눠 패널 전체에 백콤을 넣어 꼬기 토대를 만든다.

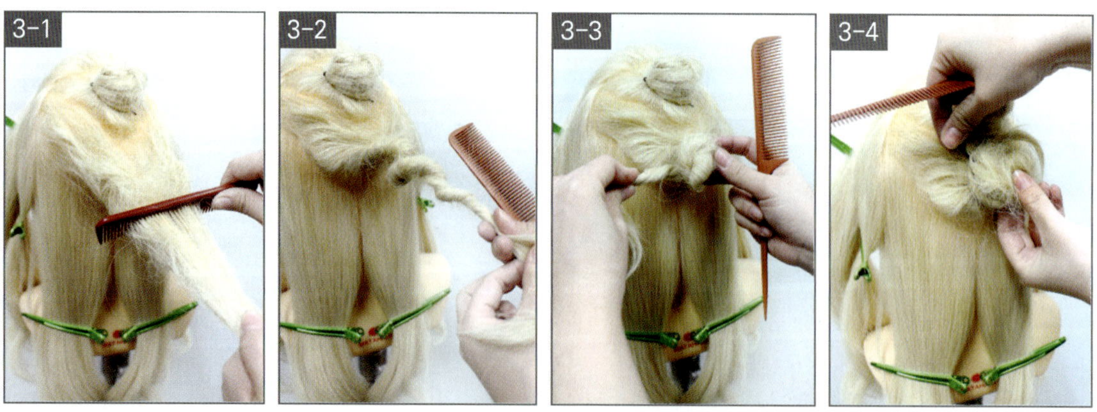

3. 해당 블로킹의 남은 모발도 백콤을 모발 끝까지 넣어준 후 꼬기 토대를 만들어준다.

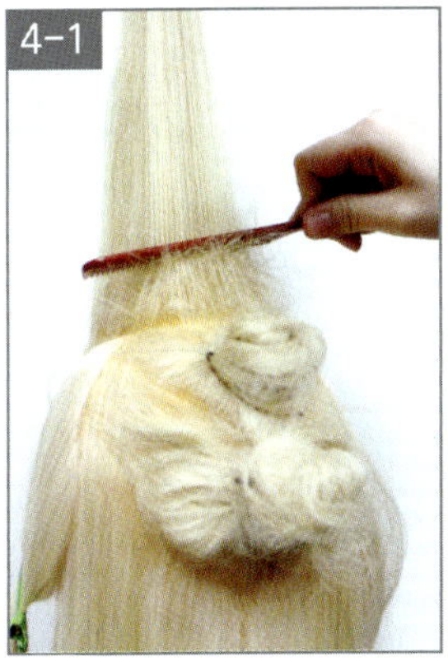
4-1

4-2

4-3

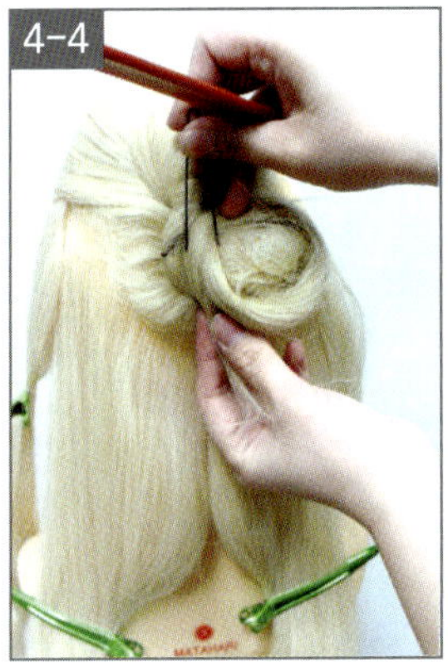
4-4

4. 탑 부분의 모발은 안쪽에만 백콤을 넣어 볼륨을 주고 겉모발은 깨끗하게 빗질하여 정리한 후 꼬기 토대에 고정한다.

5-1

5-2

6-1

6-2

5. 왼쪽 사이드 패널을 곱게 빗질하여 꼬기토대를 지나 고정한다.
6. 오른쪽 네이프 패널을 곱게 빗질하여 꼬기토대를 지나 고정한다.

7-1

7-2

7. 왼쪽 네이프 패널을 곱게 빗질하여 꼬기 토대를 지나 고정한다.

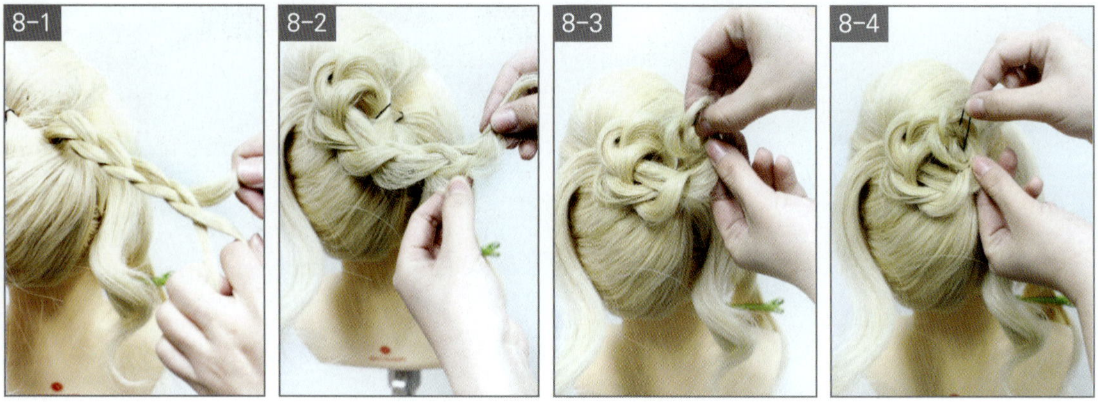

8. 고정한 패널의 스트랜드는 세 가닥 땋기한 후 모발을 늘려 끝부분부터 말아 고정한다.

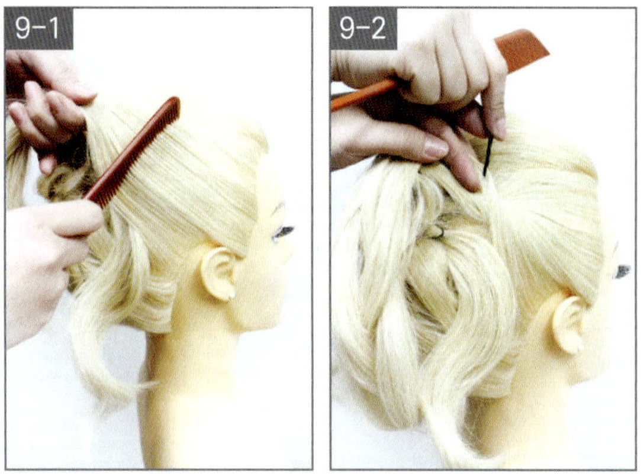

9. 오른쪽 사이드 패널을 곱게 빗질하여 꼬기 토대 옆에 고정한다.

10. 고정한 패널의 스트랜드는 세 가닥 땋기한 후 모발을 늘려 끝부분부터 말아 고정한다.

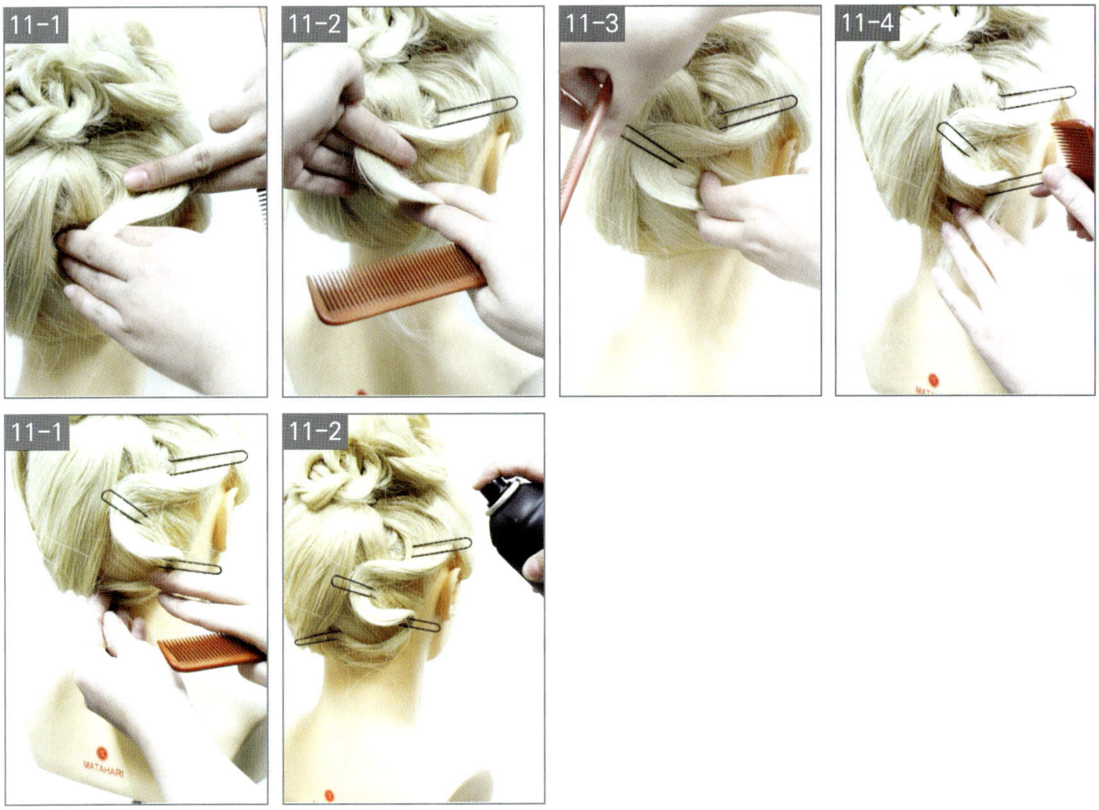

11. 남은 오른쪽 패널을 S자 물결모양으로 만들어 고정한다.

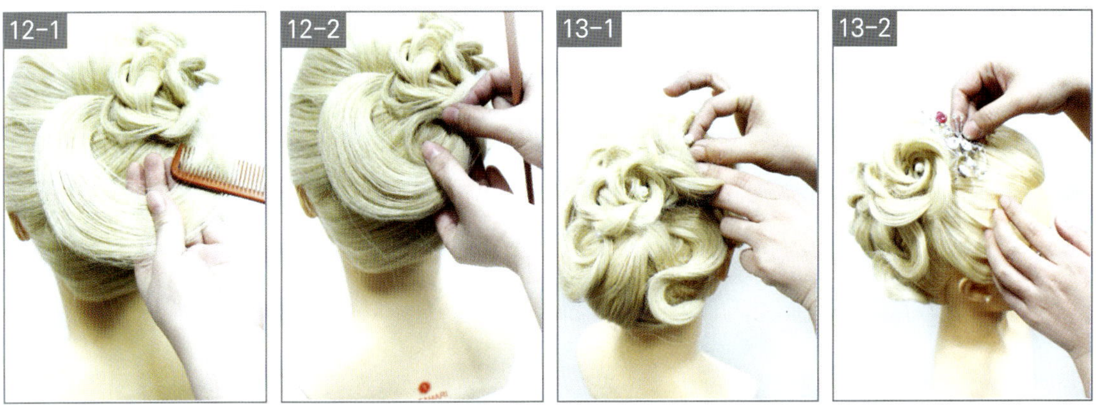

12. 나머지 왼쪽 패널을 곱게 빗질하여 C자 모양으로 만들어 고정한다.
13. 완성된 작품에 악세사리를 장식한다.

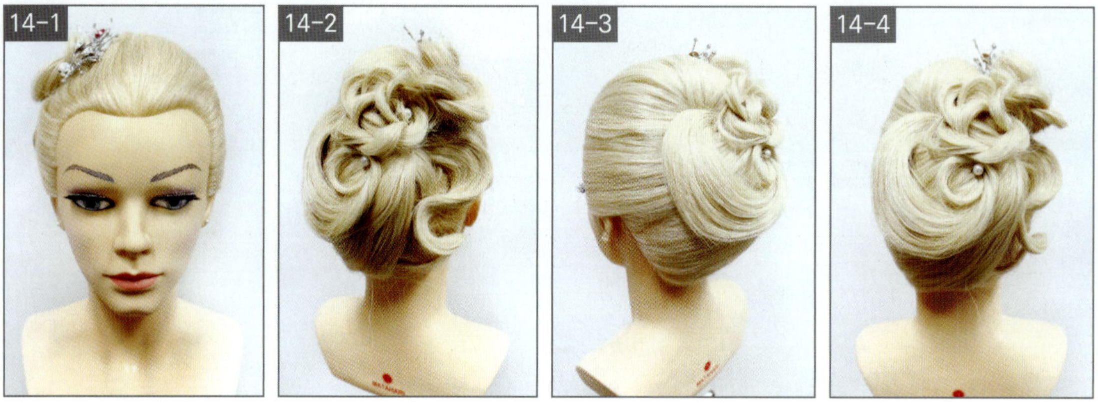

14. 완성작품

직무수행능력 평가

- 파티 스타일 2를 완성해보자

이름		학번

실 습 과 정
※ 이곳에 실습과정 사진을 붙이세요.
◎ 실습과정 중 어려웠던 점
◎ 해결방안

구분	평가내용	평가결과		
		상	중	하
사전준비	실습을 위한 사전 준비가 잘 되었는가?			
이해력	디자인에 맞는 브로킹을 이해하였는가?			
	작품에 대한 순서를 이해하였는가?			
수행능력	다양한 기법들을 제 위치에 수행하였는가?			
수행결과	전체적인 작품의 구도가 잘 형성하였는가?			

보충학습

13
14
15
16
17
18
19
20
21
22
23
24

25
26
27
28
29
30
31
32
33
34
35
36

CHAPTER 16

시뇽 업스타일

1. 시뇽 스타일 1

Before

After

1. 이어 투 이어 파트로 나누고 오른쪽 프론트 사이드 포인트에 가르마를 탄다.

2. 왼쪽 사이드 부분의 모발을 오른쪽 프론트 사이드 포인트를 향해 빗질하여 고정한다.
3. 후두부 모발을 깨끗하게 빗질하여 왼쪽 네이프 코너에 묶어 포니테일을 완성한다.

4. 오른쪽 사이드 부분의 남아있던 모발을 깨끗하게 빗질한다.

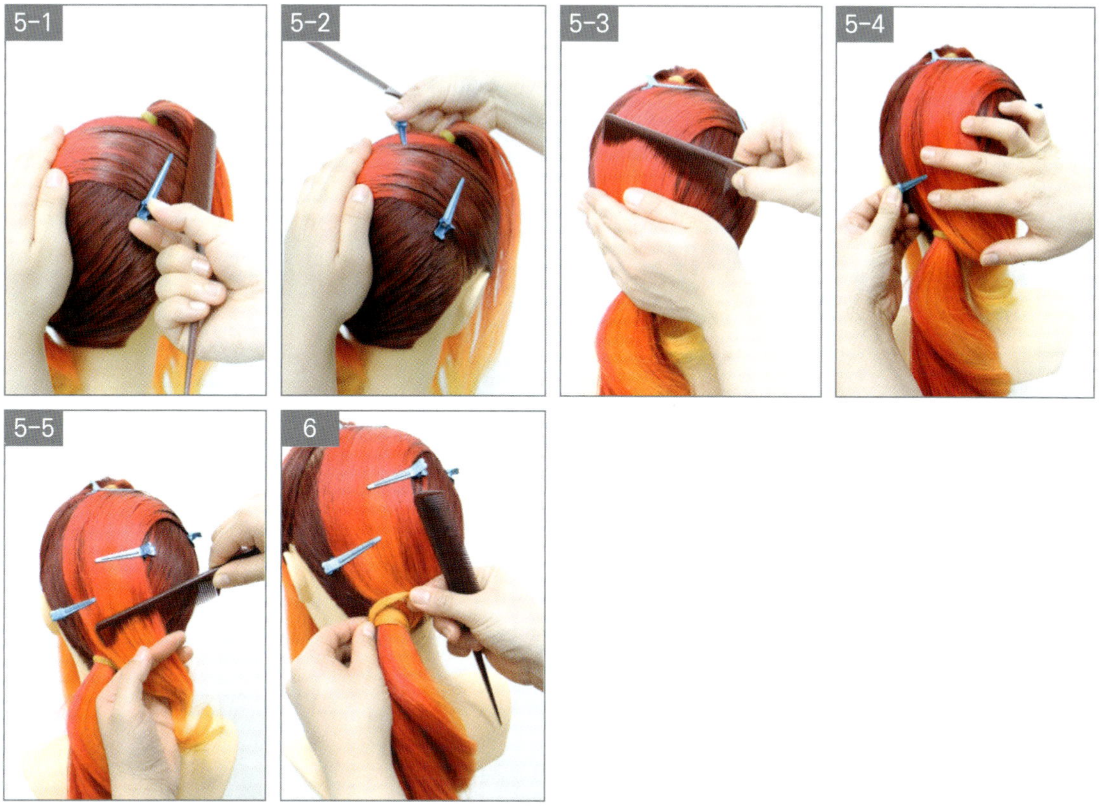

5. 빗질한 모발을 프론트의 포니테일에서 고정하고 백 포인트를 지나 네이프의 포니테일로 향한다.
6. 네이프의 포니테일에 감아 돌려 고정한다.

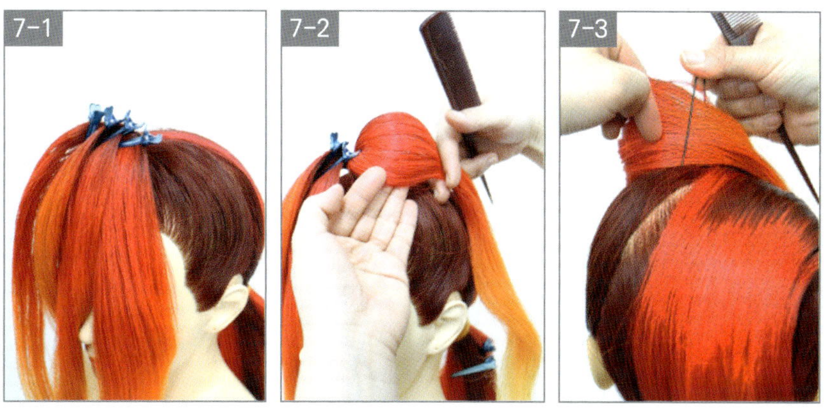

7. 전두부의 포니테일을 4개의 패널로 나누어 안쪽의 첫 번째 패널을 뱅을 만들면서 모발 끝은 오른쪽으로 가도록 한다.

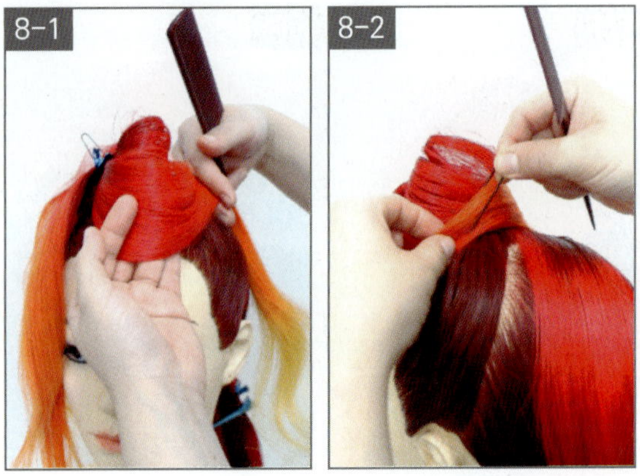

8. 두번째 패널의 모발은 첫번째 뱅을 감싸는 형태로 뱅과 뱅사이에 약간의 공간의 두고 뱅을 만들면서 모발 끝이 오른쪽을 향하도록 한다.

9. 세번째 패널의 모발은 두번째 뱅을 감싸는 형태로 뱅과 뱅사이에 약간의 공간을 두고 뱅을 만들면서 모발 끝이 오른쪽을 향하도록 한다.

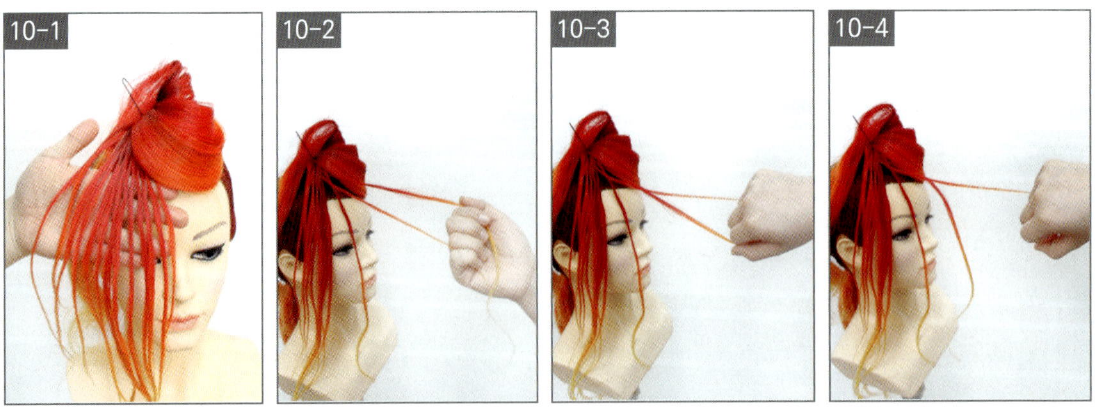

10. 네 번째 패널에 왁스를 바르고 소량씩 갈라서 바구니 땋기 방법으로 안쪽부터 땋아서 모양을 만들어 준다.

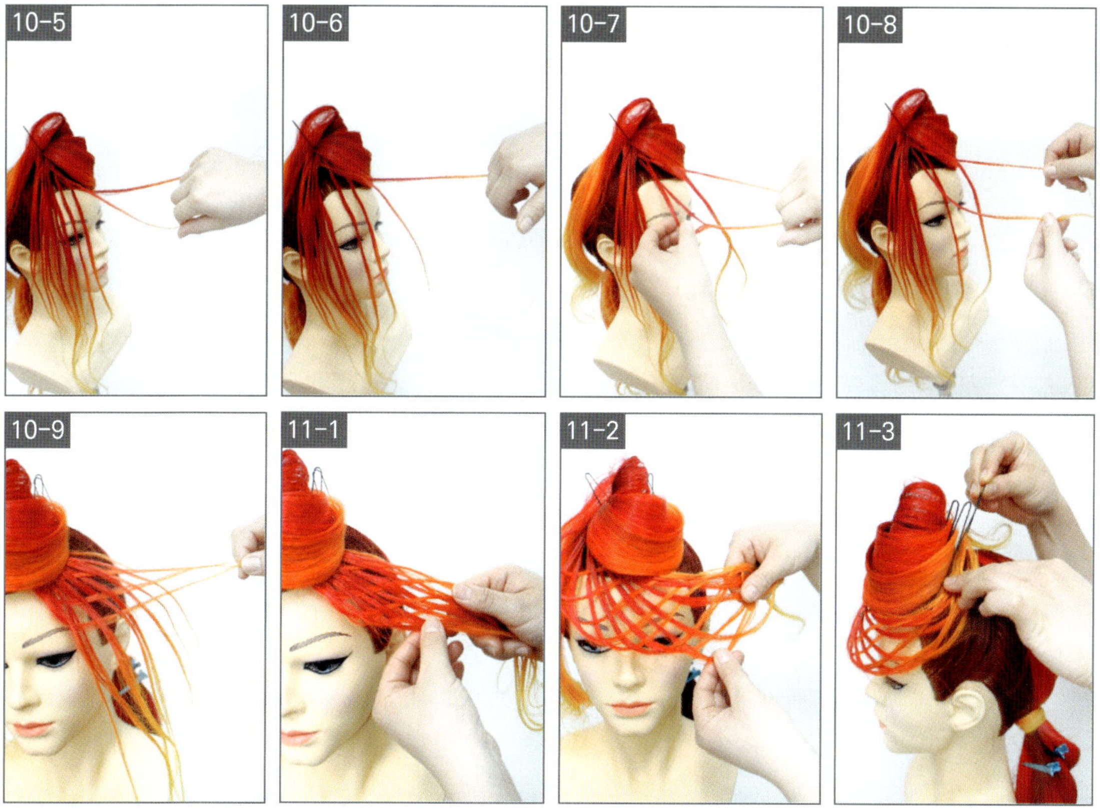

10. 계속 같은 방법으로 바구니 땋기를 한다.
11. 고정시킬 방향으로 땋은 모발을 틀어주면서 한올 씩 빼준다. 모발 끝이 오른쪽으로 향하도록 돌려서 U핀으로 잡아준다.

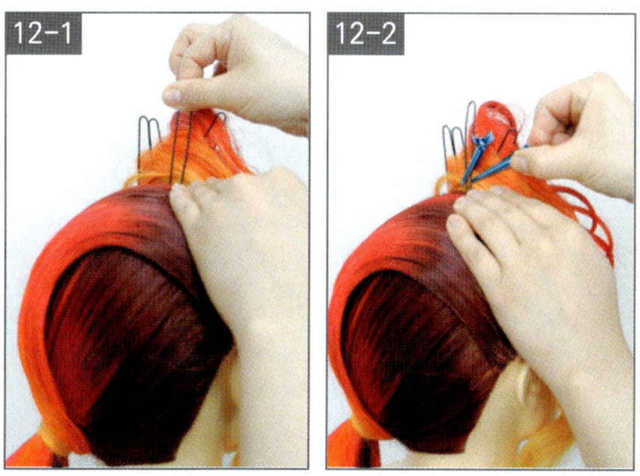

12. 세 개의 뱅을 만들고 남은 모발과 땋아서 돌리고 남은 모발을 함께 U핀으로 고정한다.

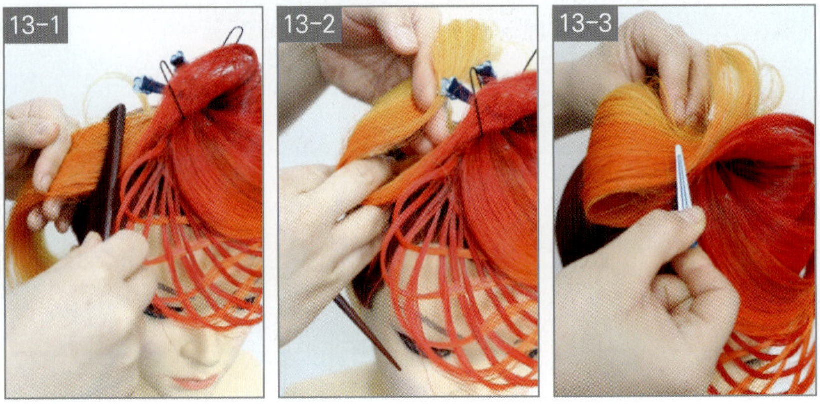

13. 남은 모발을 합쳐서 뱅을 만든다.

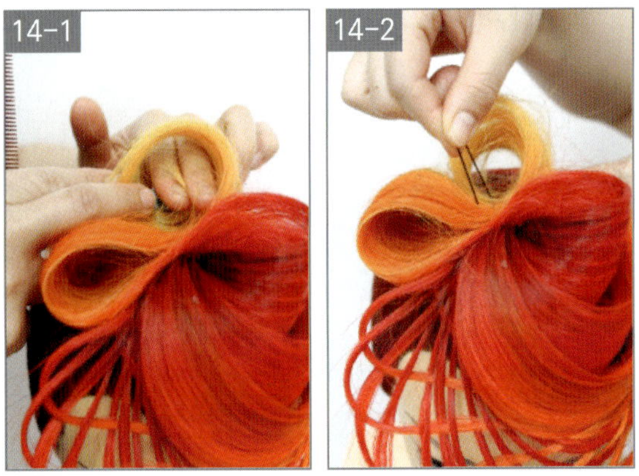

14. 남은 모발 끝이 위로 향하도록 세워준다.

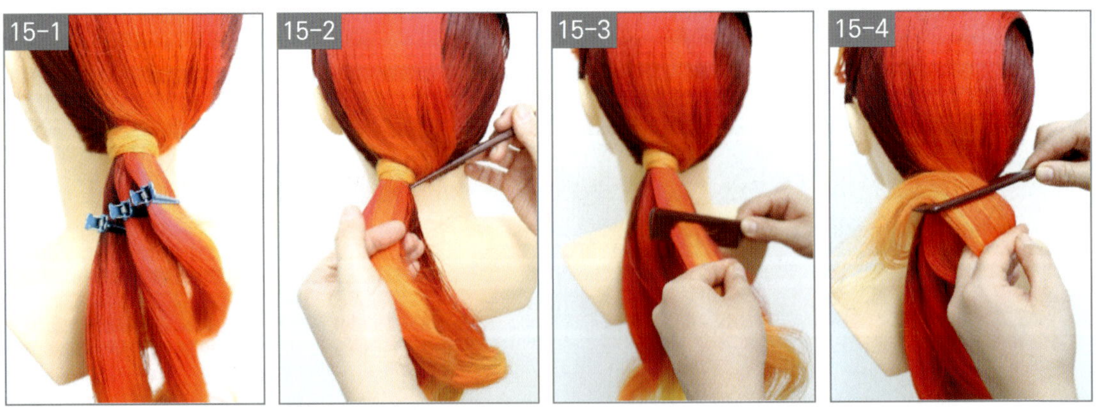

15. 네이프의 포니테일을 3개의 패널로 나누어 첫 번째 패널의 방향을 잡아준다. 모발 끝이 왼쪽을 향하도록 돌려준다.

16. 두 번째 패널의 방향을 시계 반대방향으로 잡아준다.
17. 첫 번째의 C라인 위에 공간을 약간 두고 검지와 중지로 패널을 잡고 돌려준다.

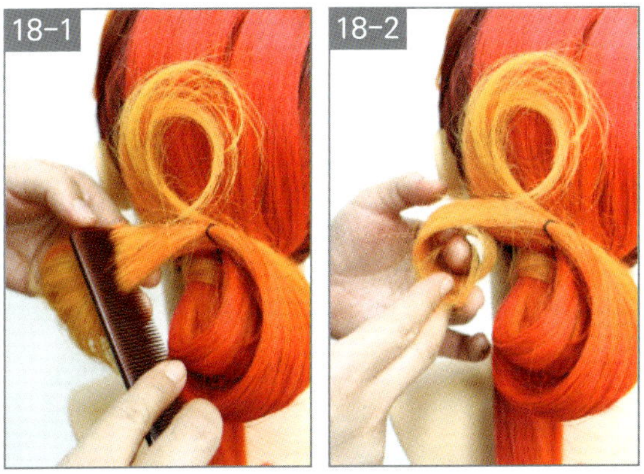

18. 두 번째 패널의 남은 모발은 시계방향으로 돌린다.

19. 세 번째 패널을 시계 반대방향으로 돌려서 두 번째 패널에 공간을 두고 타원형으로 돌린다.

20. 네 개의 C라인을 만들고 난 후 모발 끝은 위로 향하도록 손질한다.

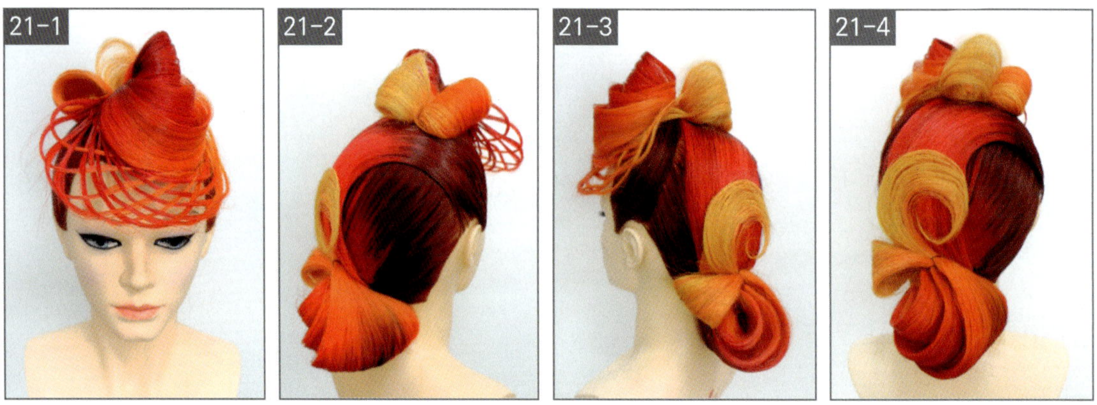

21. 완성작품

직무수행능력 평가

- 시뇽 스타일 1을 완성해보자

이름		학번	
실습과정			

※ 이곳에 실습과정 사진을 붙이세요.

◎ 실습과정 중 어려웠던 점

◎ 해결방안

구분	평가내용	평가결과		
		상	중	하
사전준비	실습을 위한 사전 준비가 잘 되었는가?			
이해력	디자인에 맞는 브로킹을 이해하였는가?			
	다양한 기법의 방법와 순서를 이해하였는가?			
수행능력	대칭의 구도로 디자인이 형성하였는가?			
수행결과	전체적인 작품의 구도가 잘 형성하였는가?			

2. 시농 스타일 2

Before

After

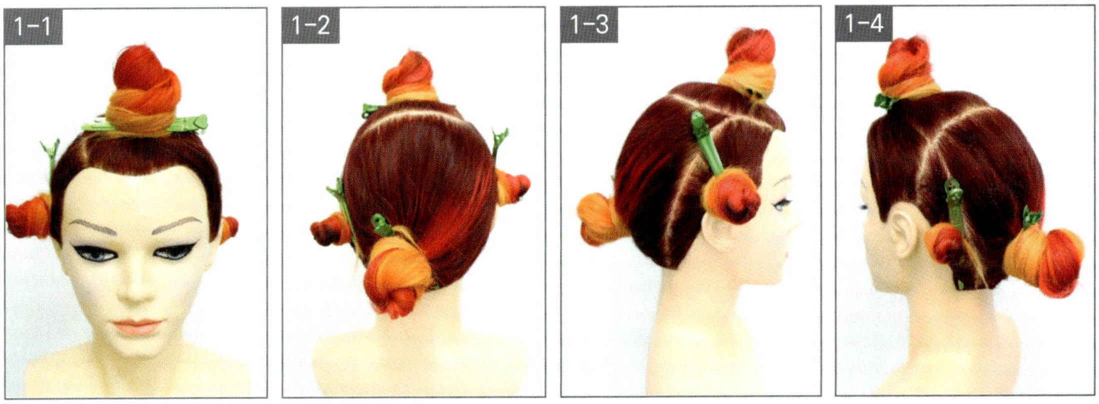

1. 위와 같은 방법으로 블로킹을 나눈다.

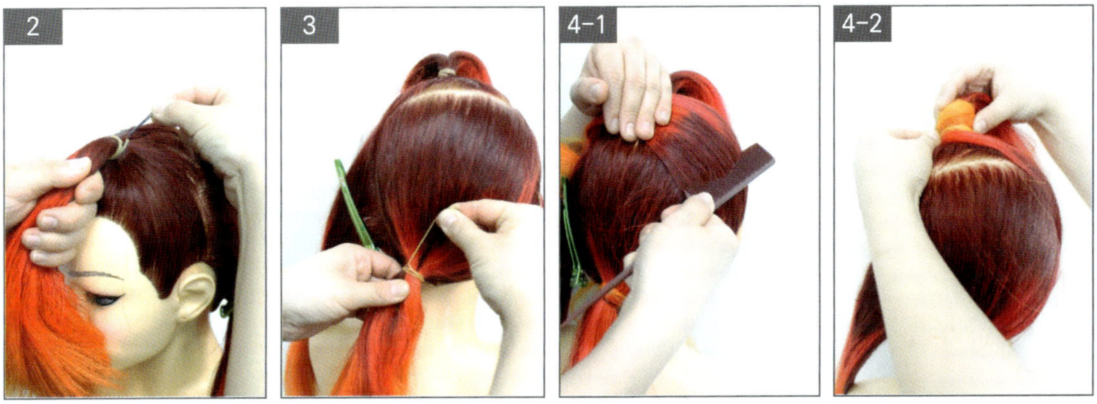

2. 이어 투 이어 파트에서 오른쪽 프론트 사이드 포인트에 가르마를 탄 모발은 왼쪽 전두부에 묶음 토대를 만든다.
3. 후두부의 모발은 왼쪽 네이프에 묶음 토대를 만든다.
4. 오른쪽 사이드에 남겨두었던 모발은 전두부의 묶음 토대로 향해 깨끗하게 빗질하여 고정한다.

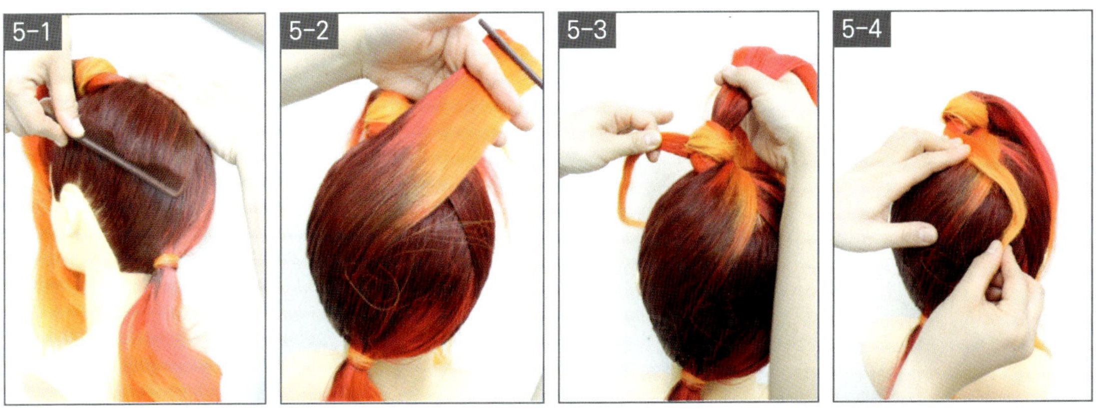

5. 왼쪽 백 사이드에 남겨두었던 모발은 전두부의 묶음 토대로 향해 빗질하고 감싸준다.

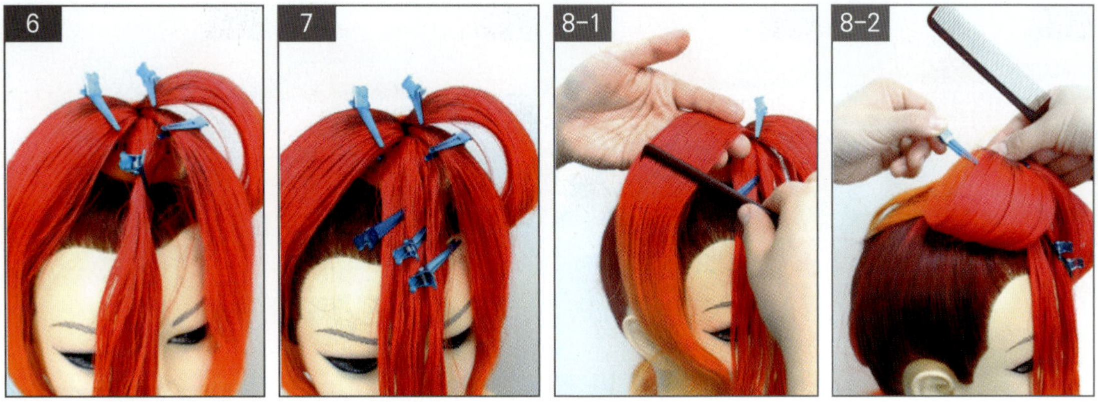

6. 전두부의 포니테일을 4개의 패널로 나눈다.
7. 4개의 패널 중 1개의 패널은 세가닥으로 나눠 왁스를 발라 놓는다.
8. 첫 번째 패널을 시계 반대방향으로 돌려 방향을 잡는다.

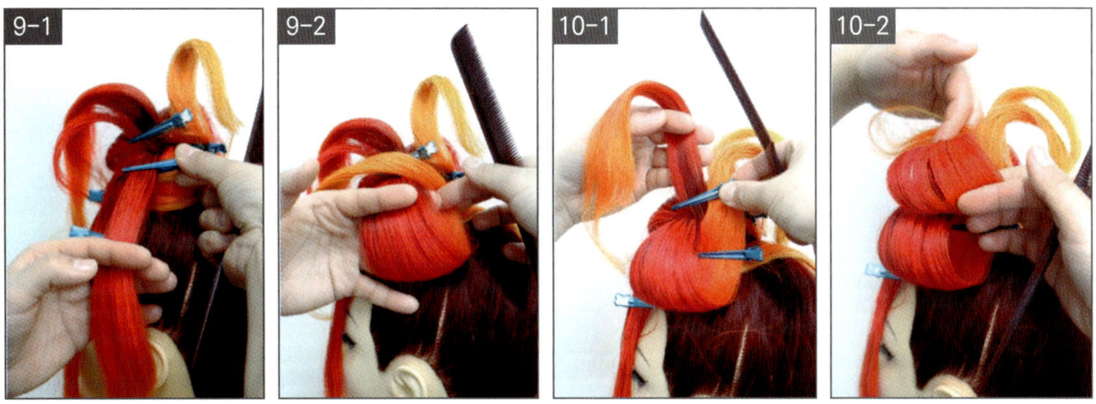

9. 두 번째 패널을 시계반대방향으로 돌린다.
10. 세 번째 패널을 시계방향으로 돌려 중심에 얹는다.

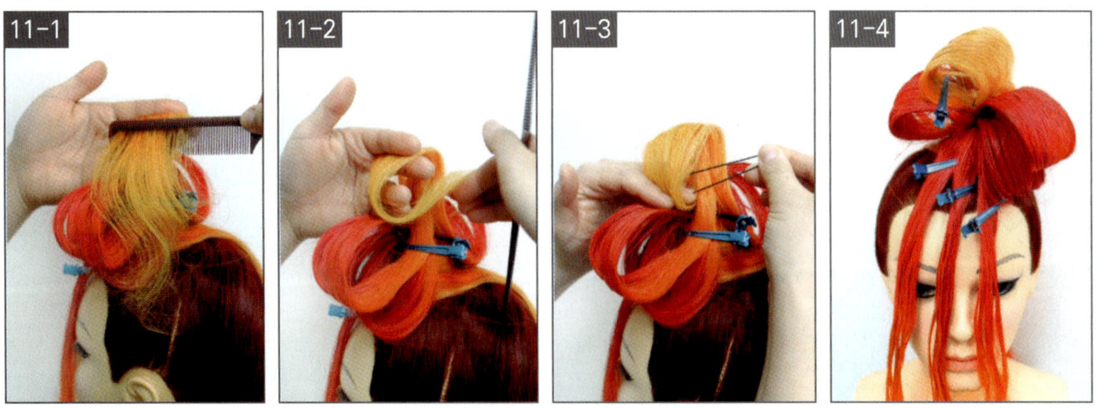

11. 세 개의 원형을 만들고 남은 모발 끝을 모아서 하나의 원형을 만들어 U핀으로 임시 고정한다.

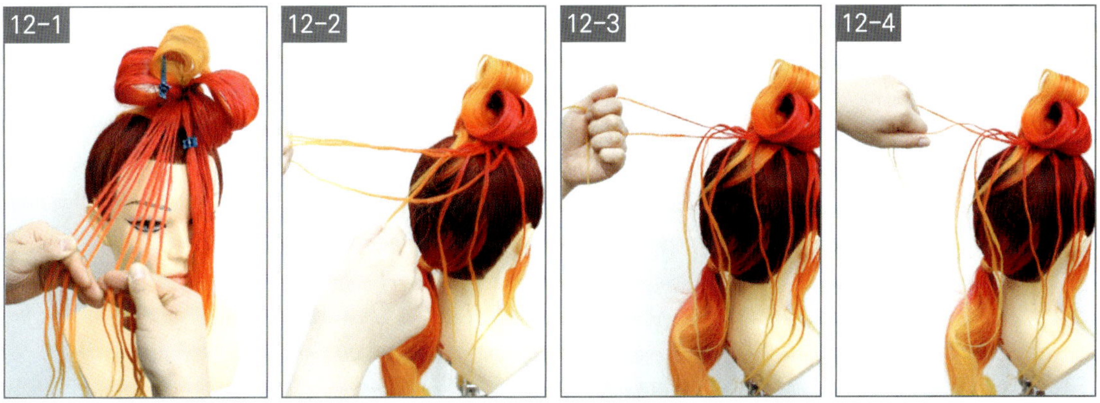

12. 세가닥으로 나누어 왁스를 발라놓은 패널 중 하나의 패널을 다시 8가닥으로 나누어 바구니 땋기를 한다.

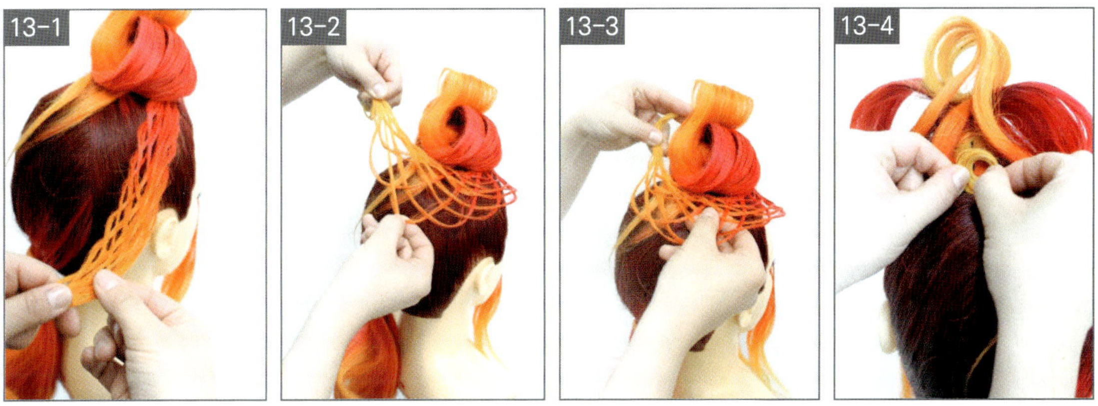

13. 땋은 모발의 바깥 부분을 잡아당기면서 라운드형을 만들어 고정한다.

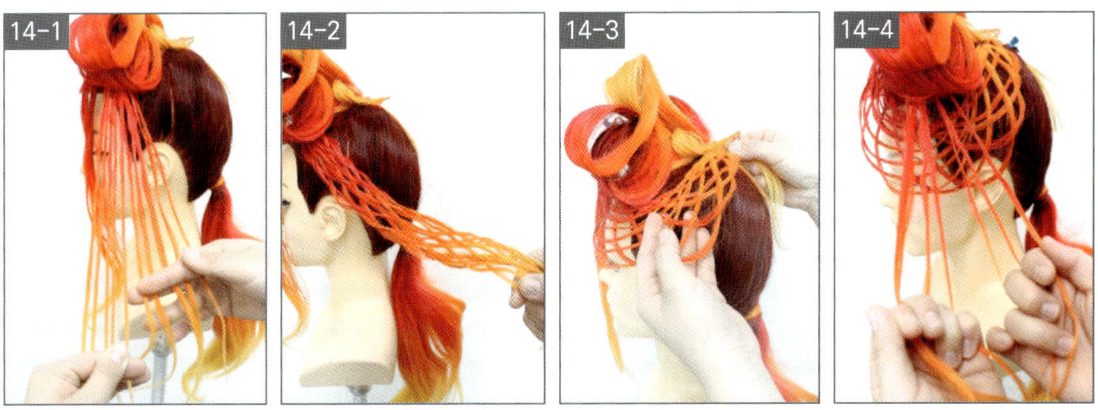

14. 오른쪽에 세 개의 라운드형의 땋은 머리를 만들기 위해 나머지를 같은 방법으로 땋아 형을 잡아준다.

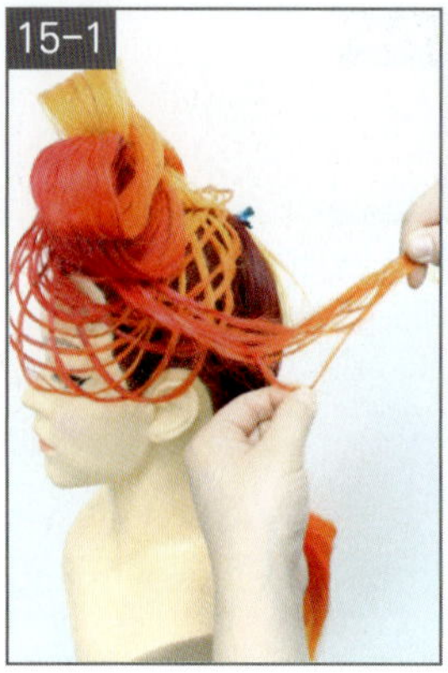

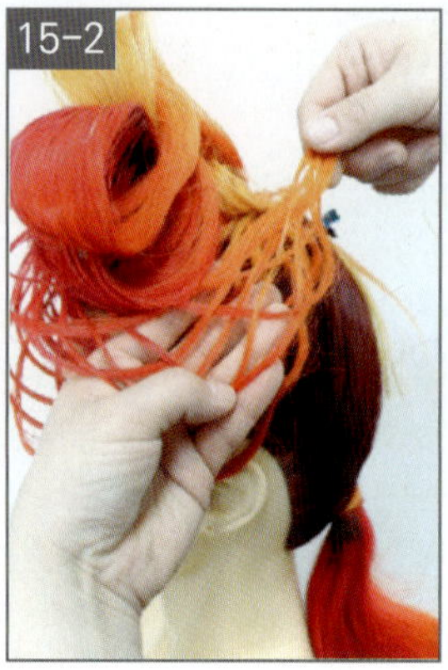

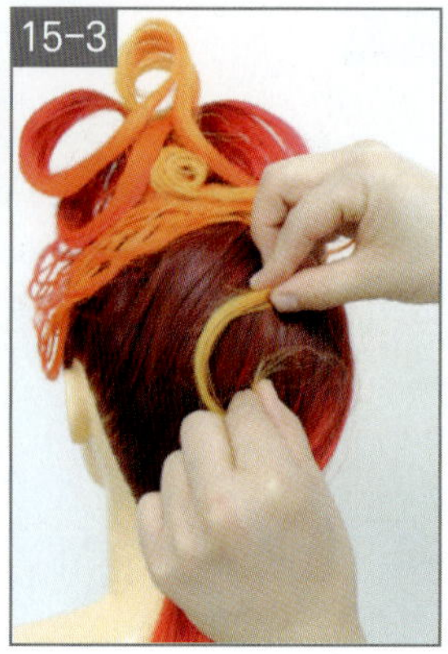

15. 땋은 모발의 바깥부분을 당겨주며 라운드형으로 만들어 준다.

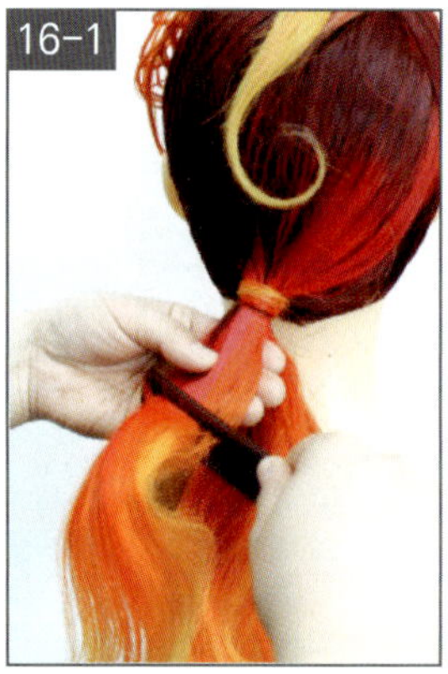

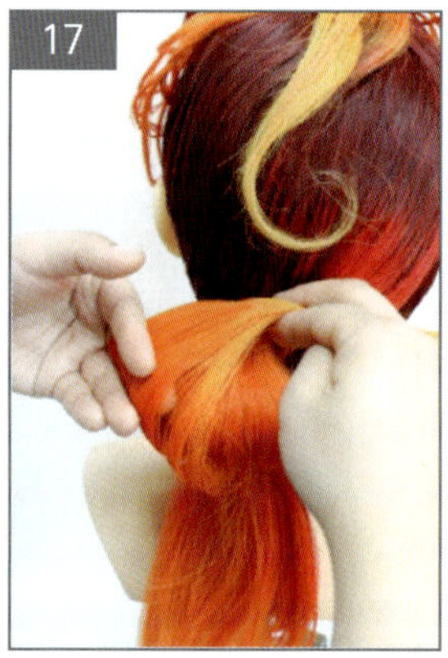

16. 네이프의 포니테일도 네 개의 패널로 나누어 첫 번째 패널을 시계방향 C형으로 돌린다.
17. 두 번째 패널은 첫 번째 C형과 공간을 두고 시계방향 C형으로 돌린 후 U핀으로 임시 고정한다.

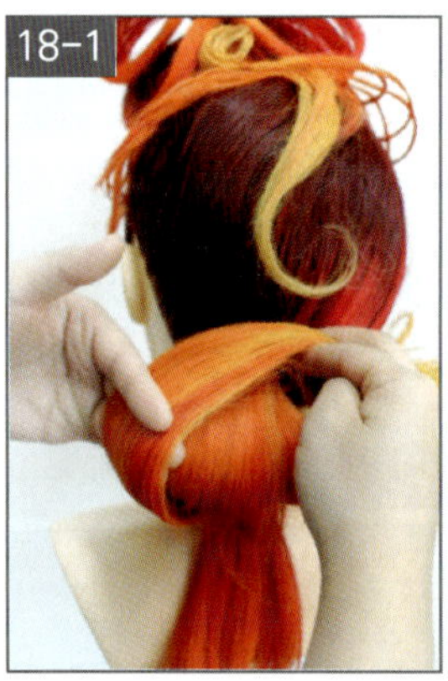

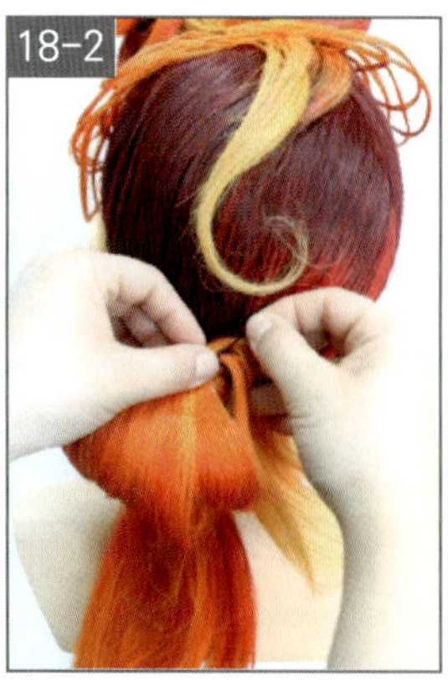

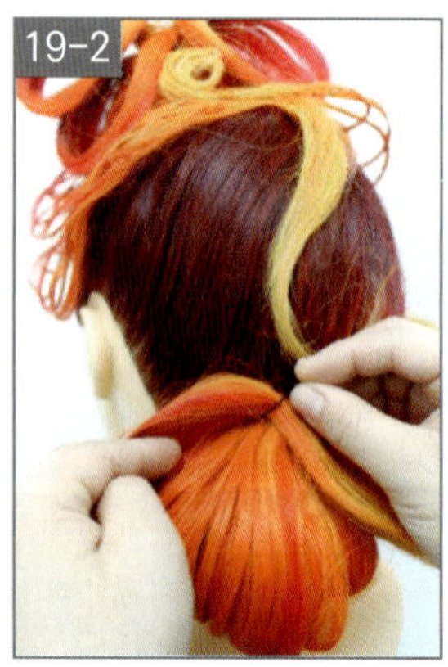

18. 세 번째 패널의 면을 깨끗하게 빗질하여 시계방향으로 잡아준다. 두 번째 C형과 공간을 두고 U핀으로 임시 고정한다.
19. 마지막 패널은 세 번째 패널과 공간을 두고 시계방향으로 잡아준다.

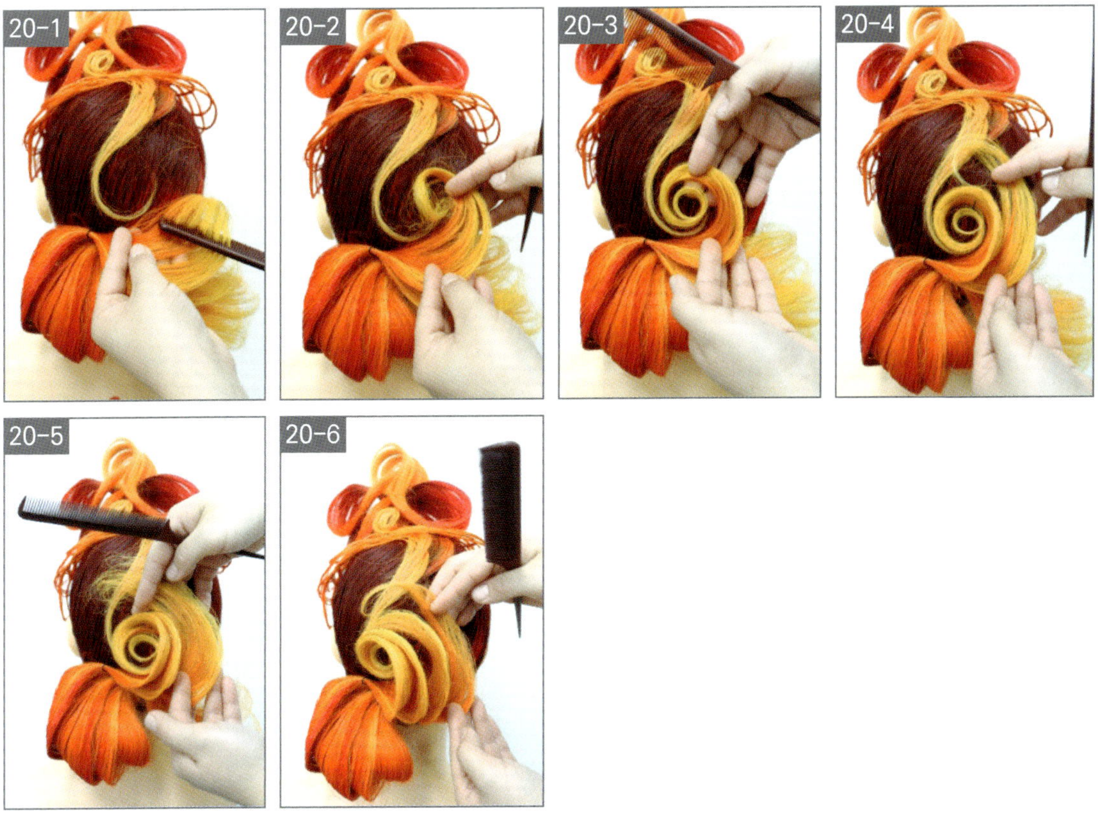

20. 각 패널의 모발 끝은 두정부를 향해 시계반대방향으로 큰 C의 흐름으로 한다. U핀과 보비핀으로 고정 시켜준다.

21. 완성작품

직무수행능력 평가

- 시뇽 스타일 2를 완성해보자

이름		학번
실 습 과 정		
※ 이곳에 실습과정 사진을 붙이세요.		
◎ 실습과정 중 어려웠던 점		
◎ 해결방안		

구분	평가내용	평가결과		
		상	중	하
사전준비	실습을 위한 사전 준비가 잘 되었는가?			
이해력	디자인에 맞는 브로킹을 이해하였는가?			
	작품에 대한 순서를 이해하였는가?			
수행능력	바구니 땋기 기법으로 디자인이 형성하였는가?			
수행결과	전체적인 작품의 구도가 잘 형성하였는가?			

3. 시뇽 스타일 3

Before

After

1. 사진에 보이는 바와 같이 블로킹을 나눈다.

2. 전두부의 모발은 오른쪽 프론트 사이드 포인트 위치에 포니테일로 묶어준다.
3. 후두부의 모발은 네이프 포인트 위치에 포니테일로 묶어준다.
4. 양 사이드의 모발은 골덴포인트에서 살짝 오른쪽 위치에 포니테일로 묶어준다.

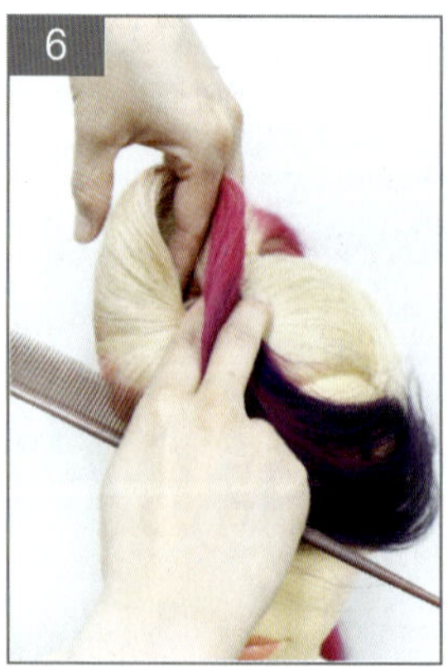

5. 전두부의 포니테일은 중간부분까지 백콤을 넣어준다.
6. 번 스타일로 말아 고정한다.

7. 모발 끝은 2개의 패널로 나눠 뱅으로 말아 고정한다.

8. 골덴포인트의 포니테일은 중간부분까지 백콤을 넣어준다.
9. 번 스타일로 말아 고정한다. 이때 묶은 토대 부분이 가려지도록 한다.
10. 남은 모발은 S자형으로 네이프를 향해 얹어 고정한다.

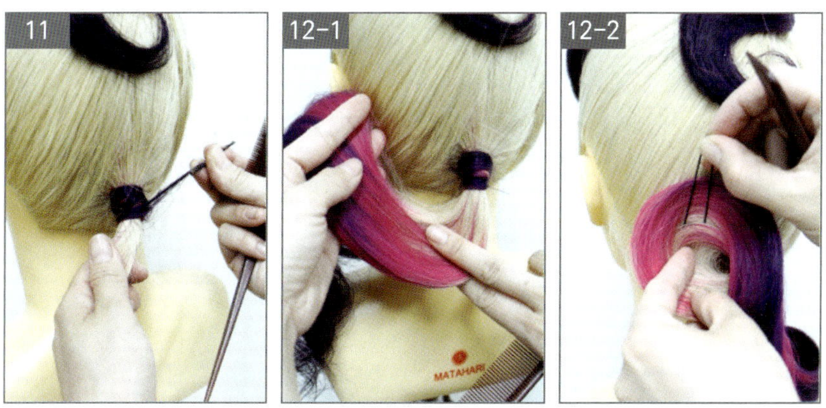

11. 네이프의 묶음 토대는 소량의 모발로 감싸준다.
12. 네이프의 포니테일은 C자형으로 시계방향으로 돌려준다.

13. 모발 끝은 2개의 패널로 나눠 제일 위에 첫 번째 패널은 시계반대방향으로 말아 뱅스타일로 연출한다.

14. 두 번째 패널은 첫 번째 패널을 감싸면서 위로 올려 골덴포인트의 모발 끝부분과 연결한다.

15. 완성작품

직무수행능력 평가

- 시뇽 스타일 3을 완성해보자

이름		학번
실 습 과 정		
※ 이곳에 실습과정 사진을 붙이세요.		
◎ 실습과정 중 어려웠던 점		
◎ 해결방안		

구분	평가내용	평가결과		
		상	중	하
사전준비	실습을 위한 사전 준비가 잘 되었는가?			
이해력	빼콤과 토대의 사용법을 이해하였는가?			
	작품에 대한 순서를 이해하였는가?			
수행능력	전체적으로 C와 S의 흐름이 자연스럽게 형성하였는가?			
수행결과	전체적인 작품의 구도가 잘 형성하였는가?			

4. 시뇽 스타일 4

Before

After

1. 이어 투 이어 파트로 나눈다.
2. 후두부 모발을 깨끗하게 빗질한다.

3. 왼쪽 네이프 코너에 묶어 포니테일을 완성한다.
4. 전두부는 오른쪽 프론트 사이드 포인트 부분에 고정한다. 이때 오른쪽 사이드의 모발을 소량 남겨 놓는다.

5. 전두부의 포니테일은 세 개의 패널로 나누고 하나의 패널을 시계 반대방향으로 돌려준다.
이때 모발의 끝은 왼쪽을 향하게 한다.

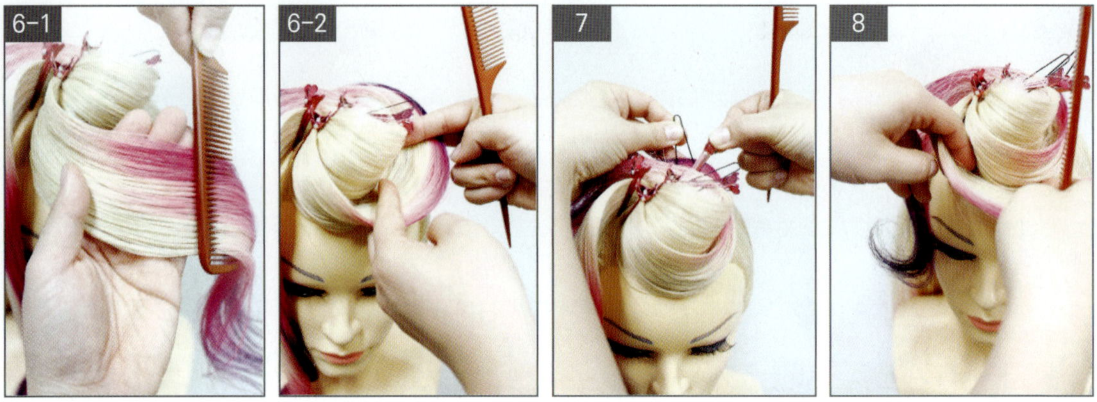

6. 두 번째 패널도 같은 방향으로 돌려준다.
7. U핀으로 첫 번째의 원형과 공간을 두고 임시 고정한다.
8. 세 번째 패널을 같은 방향으로 원을 그린다.

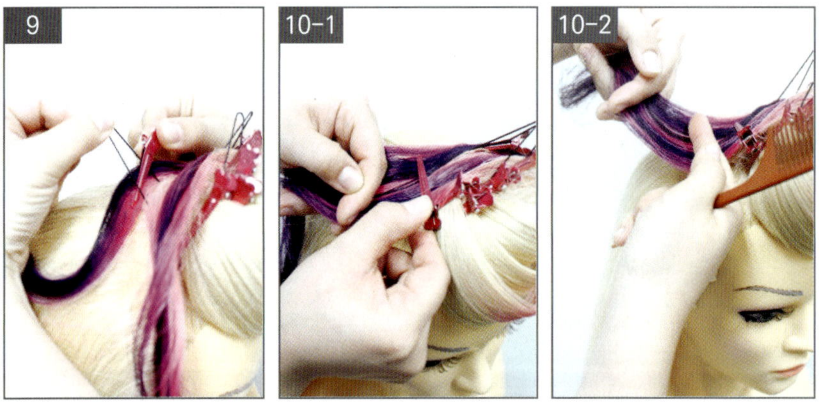

9. U핀으로 두 번째의 원형과 공간을 두고 임시 고정한다.
10. 세 개의 원형을 만들고 남은 모발의 1/2의 함께 시계방향으로 원형을 만든다. 원형을 만들어 핀으로 고정한다.

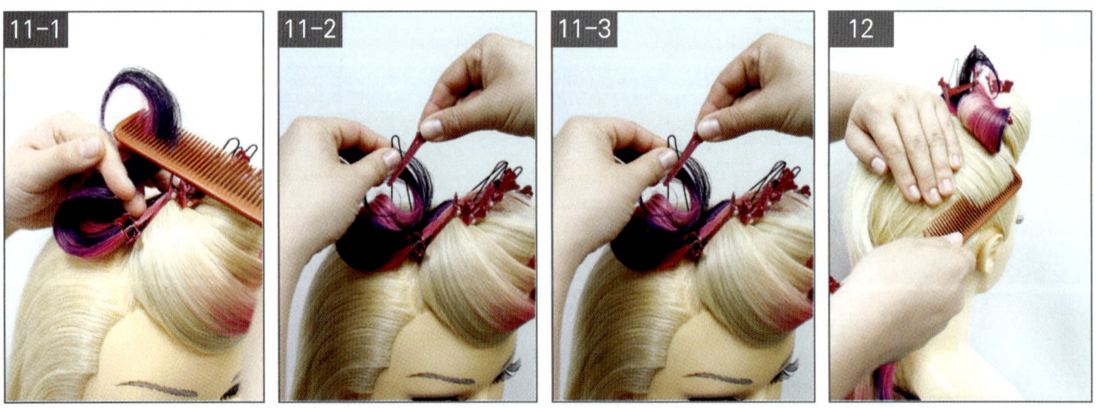

11. 원형을 만들고 남은 모발 끝을 세워준다.
12. 오른쪽 프론트 사이드 부분의 남아있던 모발을 깨끗하게 빗질한다.

13. 빗질한 모발은 프론트의 포니테일에서 고정하고, 백 포인트를 지나 네이프의 포니테일로 향한다.

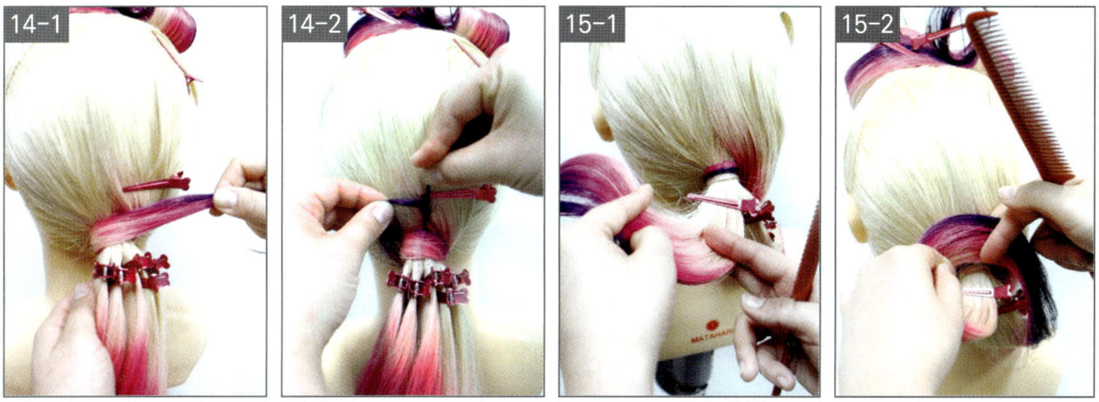

14. 네이프의 포니테일에 감아 돌려 고정한다.
15. 후두부의 포니테일을 다섯 개의 패널로 나누어 첫 번째 패널을 시계방향으로 돌린다.

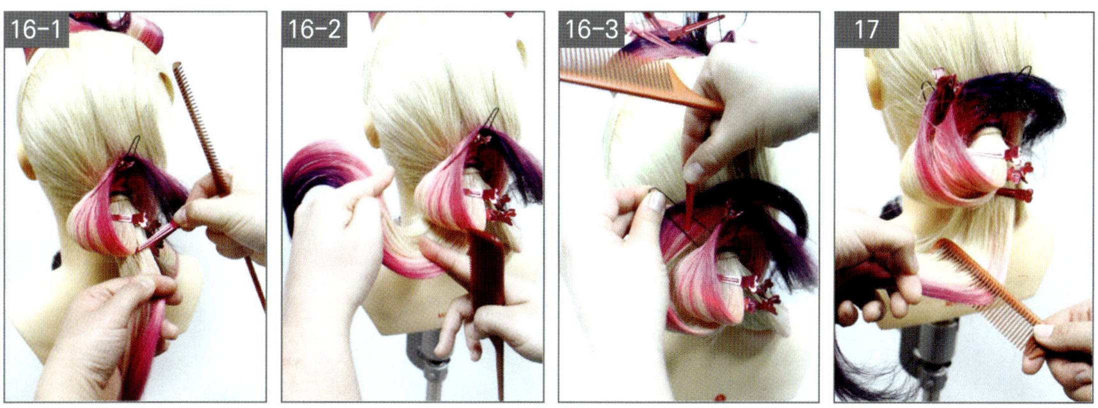

16. U핀으로 임시 고정한다. 두 번째 패널을 시계방향으로 첫 번째 원형과의 공간을 두고 원형으로 돌려 고정한다.
17. 세 번째 패널을 같은 방향으로 공간을 두고 잡아준다.

18. 묶음 토대를 향해 세 번째의 원형을 고정한다.
19. 네 번째 패널을 세 번째의 원형과 공간을 두고 시계방향으로 잡아 핀으로 고정한다.

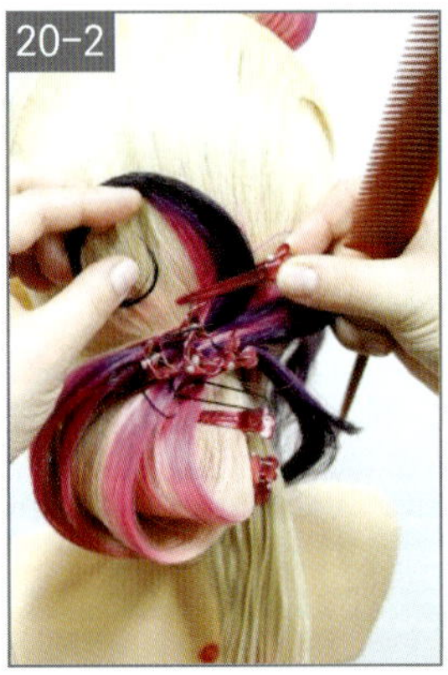

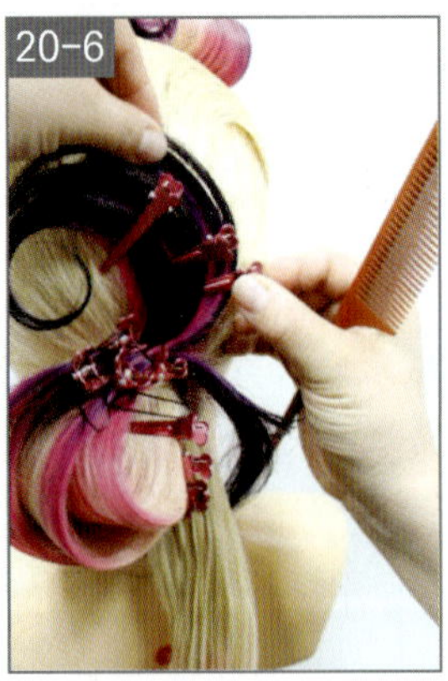

20. 원형을 만들고 남은 모발 끝은 시계반대방향으로 C형의 흐름을 만든다.

21-1

21-2

21. 마지막 다섯 번째 패널을 바구니 땋기를 한다.

22-1

22-2

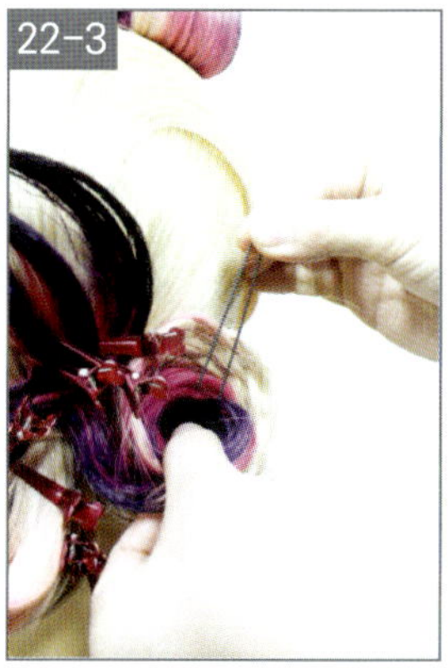
22-3

23

22. 바구니 땋기한 후 원형으로 돌려 고정한다.
23. 액세서리를 장식하여 비대칭 스타일을 완성한다.

24-1

24-2

24-3

24-4

24. 완성작품

직무수행능력 평가

- 시뇽 스타일 4를 완성해보자

이름		학번
실 습 과 정		
※ 이곳에 실습과정 사진을 붙이세요.		
◎ 실습과정 중 어려웠던 점		
◎ 해결방안		

구분	평가내용	평가결과		
		상	중	하
사전준비	실습을 위한 사전 준비가 잘 되었는가?			
이해력	다양한 기법의 방법과 제품사용을 이해하였는가?			
	작품에 대한 순서를 이해하였는가?			
수행능력	전체적으로 C와 S의 흐름이 자연스럽게 형성하였는가?			
수행결과	전체적인 작품이 입체적으로 형성하였는가?			

읽어보기

미용실에서의 제품 판매 효과

미용실에서 제품의 판매는 미용 경영에 있어서 매우 중요한 부분이다.

유럽에서는 매출의 30% 이상이 미용실에서의 제품 판매가 차지할 정도로 제품에 대한 소비율이 높은 수준이다. 그러나 국내에서는 미용실 제품은 비싸다는 인식이 높고 제품의 필요성을 인지하지 못하기 때문에 제품 판매비율이 낮은 편이다.

그렇다면 미용실에서의 제품 판매는 왜 필요할까?

미용실에서 제품 판매는 비교적 많은 효과를 보고있어 기술로 매출을 높이는 시간보다 제품을 판매해서 매출을 높이는 시간이 더 짧기 때문이다. 예를 들어 헤어 커트가 30분 소요되는 동안 2만원의 커트비용이 발생한다면 제품 판매하는 시간은 짧게는 5분, 길면 10~20분 정도밖에 소요되지 않는다. 또한 제품 비용이 헤어커트 비용보다 비싼 경우가 많기 때문에 미용경영차원에서 제품 판매는 매우 효과적인 매출 증대를 위한 전략 중의 하나이다,
제품을 판매하기 위해서 우선 헤어디자이너는 고객과 신뢰가 이루어져야 한다. 디자이너는 시술이 완료된 고객에게 스타일 관리 및 헤어 케어를 위한 적절한 제품을 추천해주어 고객에게 흥미와 욕구를 유발시키고 사용 방법을 정확하게 설명한다.
고객은 디자이너를 신뢰할 때 제품 구매에 대한 욕구가 높아진다. 그러나 과도하게 판매하거나 제품에 대하여 잘못된 소개를 하게 되면 고객이 신뢰를 잃게 되고 재방문율이 감소될 우려가 있으므로 지나치게 판매목적을 가지고 있지 않도록 한다.
일반적으로 제품을 소개할 때에는 시술 전이나 시술 후 고객에게 제품이 보이도록 하여 고객에게 이해를 돕는 방법이 효과적이다.

Part Ⅶ

고전머리 업스타일

단원 소개

고전머리는 과거 양반과 평민이라는 이중구조와 함께 머리모양을 구분하는데 사용되었으며 궁중의 왕가 부녀들과 상궁, 나인의 머리모양으로도 사용되었다.

앞서 배운 역사적인 이론과 고전머리의 스타일별 의미를 이해하고 고전머리 업스타일 시술방법을 학습하기로 한다.

CHAPTER 17

가체 만들기

학/습/목/표

- 가체 만드는 법에 대해 학습한다.

1. 땋기기법 가체 만들기

1~4와 같이 가체가 엉키지 않도록 손으로 쓰다듬어 주면서 세 가닥 땋기를 한다.

5~8과 같이 모발 끝을 고무줄로 묶어 준 다음 헤어망을 사용하여 끝처리를 한다.

가체는 모양에 따라 크기를 조절할 수 있다.

2. 꼬기기법 가체 만들기

1~4와 같이 가체가 엉키지 않도록 손으로 쓰다듬어 주면서 두가닥 꼬기를 한다.

5~8과 같이 모발 끝을 고무줄로 묶어 준 다음 헤어망을 사용하여 끝처리를 한다.

가체는 모량에 따라 크기를 조절할 수 있다.

직무수행능력 평가

- 가체 만들기를 완성해보자

이름		학번	
실 습 과 정			
※ 이곳에 실습과정 사진을 붙이세요.			
◎ 실습과정 중 어려웠던 점			
◎ 해결방안			

구분	평가내용	평가결과		
		상	중	하
사전준비	실습을 위한 사전 준비가 잘 되었는가?			
이해력	각각의 기법으로 가체 만드는 방법을 이해하였는가?			
	헤어망을 이용하여 끝처리 방법을 이해하였는가?			
수행능력	가체의 크기를 모양에 따라 잘 형성하였는가?			
수행결과	전체적으로 단단하게 잘 형성하였는가?			

CHAPTER 18

고전머리 스타일

학/습/목/표

- 고전머리 스타일에 대해 학습한다.

1. 댕기머리

After

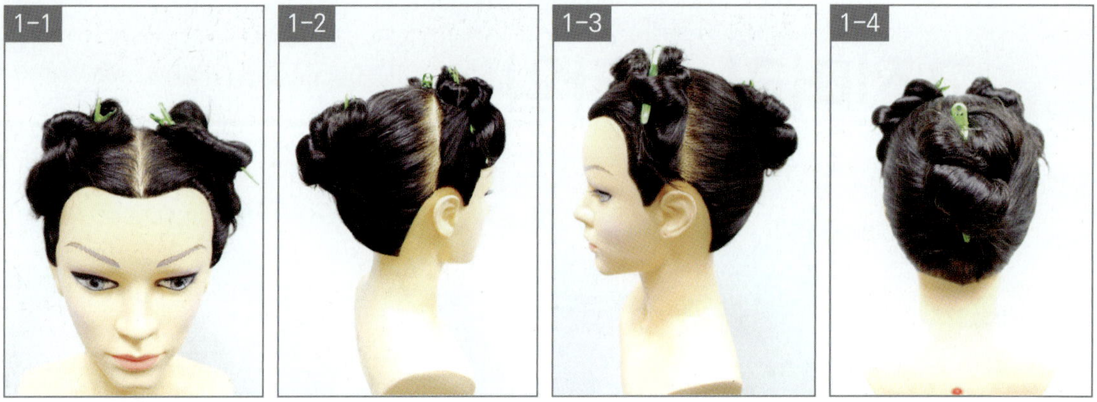

1. 사진에 보이는 바와 같이 블로킹을 나눈다.

2. 이어 투 이어 파트의 모발을 세 가닥으로 땋기 시작한다.
3. 양쪽 모두 같은 방법으로 땋아서 묶어준다.

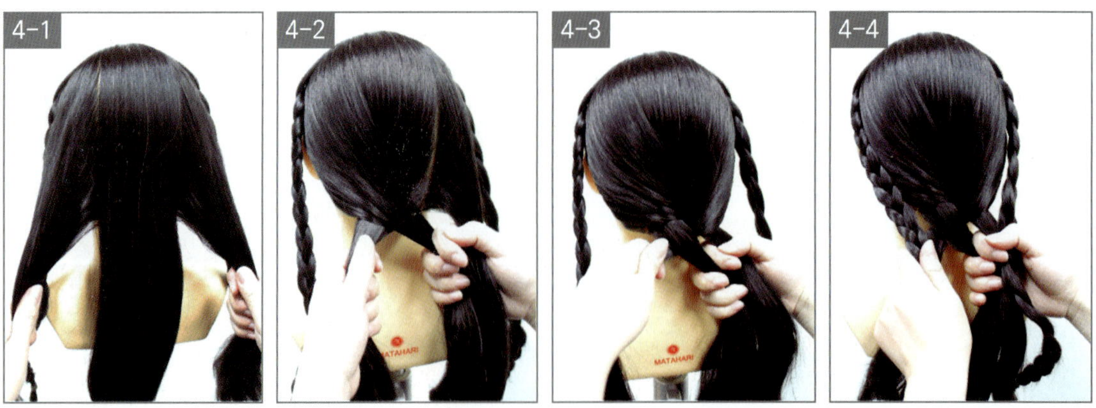

4. 후두부의 모발을 네이프 부분에서 3가닥으로 나누어 세 가닥 땋기를 1회 한 후 사이드에 땋아둔 모발을 양쪽에서 같이 잡는다.

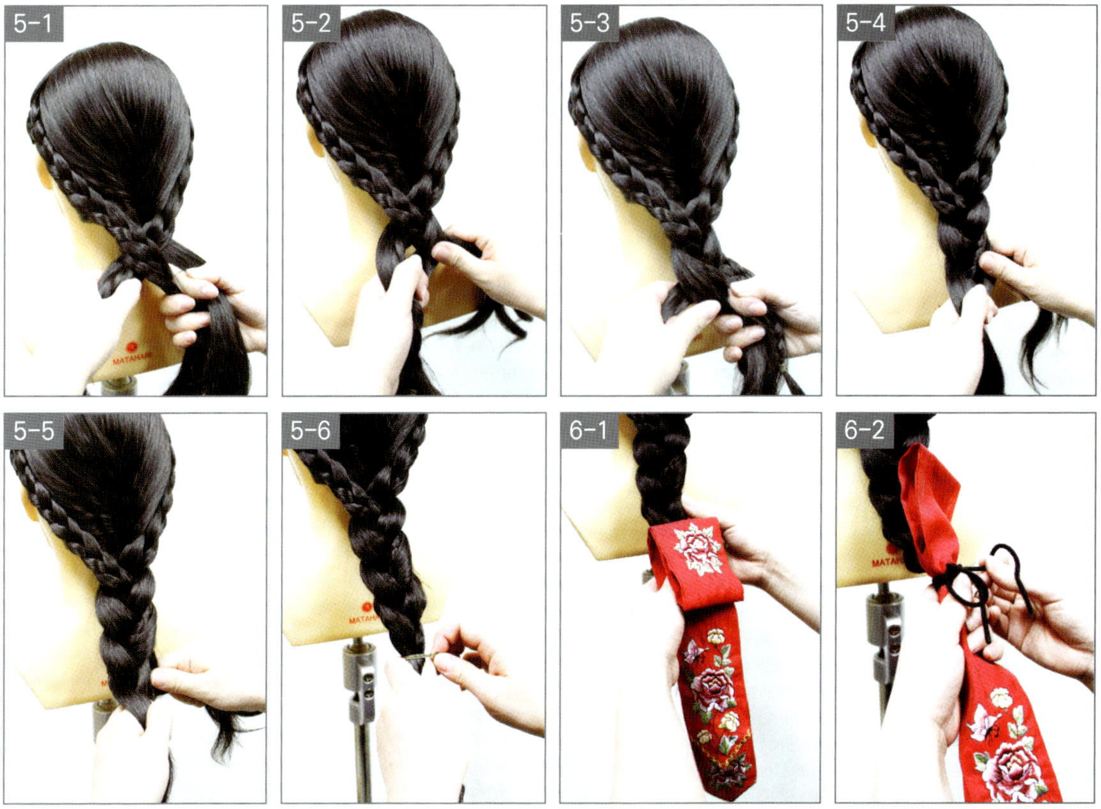

5. 땋아둔 모발과 같이 모발 끝까지 땋기를 진행한다.
6. 댕기로 마무리 한다.

7. 완성작품

직무수행능력 평가

- 댕기 머리를 완성해보자

이름		학번	
실 습 과 정			
※ 이곳에 실습과정 사진을 붙이세요.			
◎ 실습과정 중 어려웠던 점			
◎ 해결방안			

구분	평가내용	평가결과		
		상	중	하
사전준비	실습을 위한 사전 준비가 잘 되었는가?			
이해력	각각의 땋기 기법을 이해하였는가?			
	댕기의 사용방법을 이해하였는가?			
수행능력	두상 곡면에 따라 매끈하게 땋기가 형성하였는가?			
수행결과	양쪽 좌우대칭이 형성되었는가?			

2. 새앙머리

After

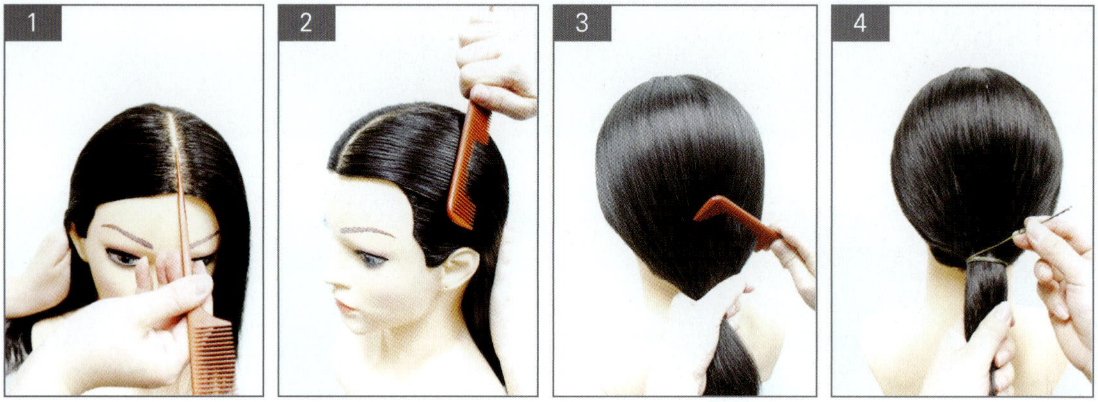

1. 앞 이마의 중심에서 탑 포인트까지 가운데 가르마를 한다.
2. 전두부의 좌측 우측은 각각 두상 곡면을 따라서 C커브로 빗질한다.
3. 탑 포인트 뒤의 모발은 뒤로 깨끗하게 빗질한다.
4. 전체 모발은 네이프에 고무줄로 묶어 준다.

5. 포니테일의 모발은 세 가닥 땋기하여 접어서 묶음 토대에 같이 묶어준다.

6. 준비한 가체의 양쪽 끝을 접어 고무줄로 묶어 새앙을 만들어 준다.

7. 네이프의 묶어둔 부분에 새앙을 붙인다.
8. 댕기를 수평으로 네이프 안쪽으로 넣고, 새앙을 묶어준다. 묶은 댕기는 가지런하게 놓아준다.

9. 완성작품

직무수행능력 평가

- 새앙머리를 완성해보자

이름		학번	
실 습 과 정			
※ 이곳에 실습과정 사진을 붙이세요.			
◎ 실습과정 중 어려웠던 점			
◎ 해결방안			

구분	평가내용	평가결과		
		상	중	하
사전준비	실습을 위한 사전 준비가 잘 되었는가?			
이해력	새앙모양을 이해하였는가?			
	2가지의 고무줄 사용법을 이해하였는가?			
수행능력	C커브 빗질이 잘 되었는가?			
수행결과	전체적인 작품의 구도가 잘 형성하였는가?			

3. 쪽머리

After

1. 앞 이마의 중심에서 탑 포인트까지 가운데 가르마를 한다.
2. 전두부의 좌측 우측은 각각 두상곡면을 따라서 C커브로 빗질한다.
3. 탑 포인트 뒤의 모발은 뒤로 깨끗하게 빗질한다.
4. 전체 모발은 네이프에 고무줄로 묶어 준다.

5. 포니테일의 모발은 세 가닥 땋기하여 접어서 묶음 토대에 같이 묶어준다.
6. 가체를 네이프 부분의 묶은 다발에 붙여 묶어준다.

7. 가체를 고정시킨 후 가체 모발 끝부분에 댕기를 묶어주고 왼손에 가체를 한바퀴 돌려 잡은 후 댕기를 돌려서 감아 준다.

8. 댕기를 시침핀으로 고정시킨다.
9. 가체를 8자 모양으로 돌려서 네이프의 묶은 부분에 돌려 얹는다.

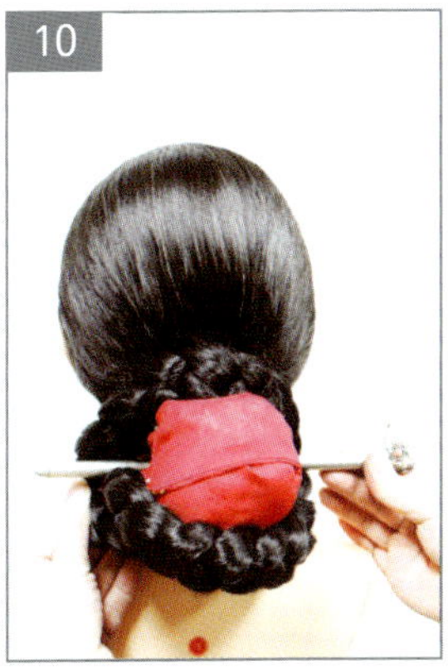

10. 비녀를 오른쪽에서 왼쪽으로 두상과 평행이 되게 꽂아준다.
11. 각종 액세서리로 장식할 수 있다.

12. 완성작품

직무수행능력 평가

- 쪽머리를 완성해보자

이름		학번	
실 습 과 정			
※ 이곳에 실습과정 사진을 붙이세요.			
◎ 실습과정 중 어려웠던 점			
◎ 해결방안			

구분	평가내용	평가결과		
		상	중	하
사전준비	실습을 위한 사전 준비가 잘 되었는가?			
이해력	묶음 토대와 가체연결 방법을 이해하였는가?			
	작품에서의 댕기의 사용방법을 이해하였는가?			
수행능력	가체가 안정되게 토대에 안착되었는가?			
수행결과	비녀가 평행하게 꽂혀 구도가 안정적으로 형성하였는가?			

4. 첩지머리

After

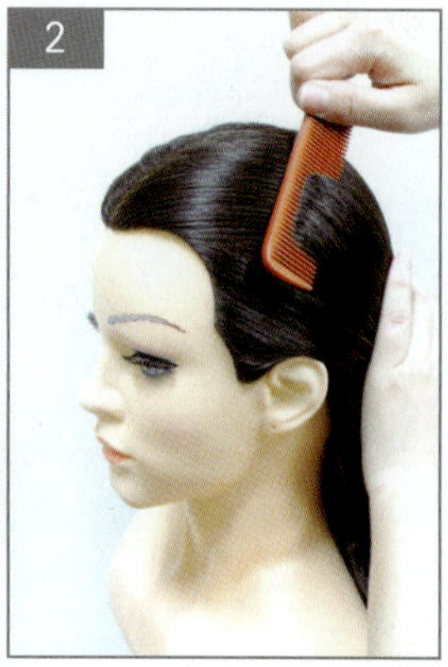

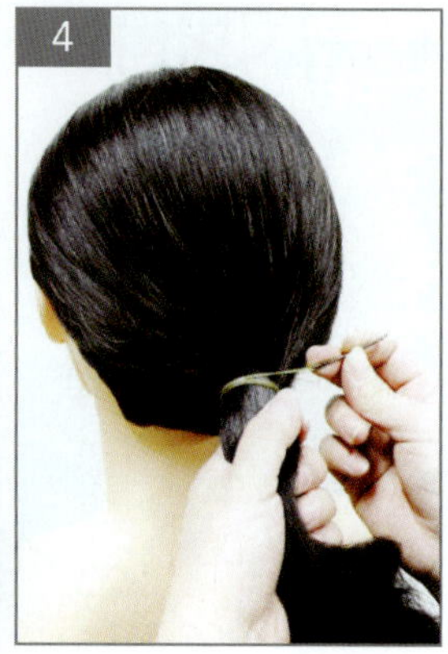

1. 앞 이마의 중심에서 탑 포인트까지 중간 가르마를 한다.
2. 전두부의 좌측 우측은 두상곡면을 따라서 각각 C커브로 빗질한다.
3. 탑 포인트 뒤의 모발은 뒤로 깨끗하게 빗질한다.
4. 전체 모발은 네이프에 고무줄로 묶어 준다.

5. 포니테일의 모발은 세 가닥 땋기하여 접어서 묶음 토대에 같이 묶어준다.
6. 첩지를 탑 포인트에 올려놓고 양쪽 귀 뒤로 내려서 네이프의 묶은 부분에 고정한다.

7. 네이프에 묶은 본발에 가체를 붙여 묶는다.
8. 가체 모발 끝부분에 댕기를 묶어준다.
9. 가체를 고정시킨 후 왼손에 가체를 한 바퀴 돌려 잡고 댕기를 돌려준다.

10. 댕기를 다 돌려준 다음 시침핀으로 고정시킨다.
11. 가체를 8자 모양으로 돌려서 네이프의 묶은 부분에 돌려 얹는다.
12. 비녀를 오른쪽에서 왼쪽으로 두상과 평행이 되게 꽂아준다.

13. 완성작품

직무수행능력 평가

- 첩지머리를 완성해보자

이름		학번	
실 습 과 정			
※ 이곳에 실습과정 사진을 붙이세요.			
◎ 실습과정 중 어려웠던 점			
◎ 해결방안			

구분	평가내용	평가결과		
		상	중	하
사전준비	실습을 위한 사전 준비가 잘 되었는가?			
이해력	묶음 토대와 가체연결 방법을 이해하였는가?			
	첩지의 사용방법을 이해하였는가?			
수행능력	가체가 안정되게 토대에 안착되었는가?			
수행결과	비녀가 평행하게 꽂혀 구도가 안정적으로 형성하였는가?			

5. 둘레머리 1

After

1. 앞 이마의 중심에서 탑 포인트까지 중간 가르마를 한다.
2. 전두부의 좌측 우측은 두상곡면을 따라서 각각 C커브로 빗질한다.
3. 탑 포인트 뒤의 모발은 뒤로 깨끗하게 빗질한다.
4. 전체 모발은 네이프에 고무줄로 묶어 준다.

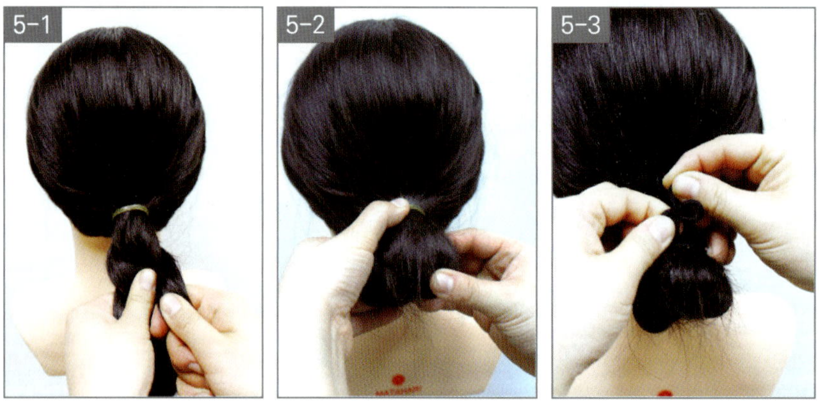

5. 포니테일의 모발은 세 가닥 땋기하여 접어서 묶음 토대에 같이 묶어준다.

6. 헤어라인에 맞춰 가체를 돌린 후 핀으로 고정시킨다.

6. 6-5~6-11와 같이 네이프 부분에 본머리를 묶은 부위를 감싸주고 탑 부분에도 가체로 포인트를 준 후 U핀으로 고정한다.

7. 댕기를 적당한 위치에 묶어준다.

8-1

8-2

8-3

8-4

8. 완성작품

직무수행능력 평가

- 둘레머리 1을 완성해보자

이름		학번	
실 습 과 정			
☆ 이곳에 실습과정 사진을 붙이세요.			
◎ 실습과정 중 어려웠던 점			
◎ 해결방안			

구분	평가내용	평가결과		
		상	중	하
사전준비	실습을 위한 사전 준비가 잘 되었는가?			
이해력	가체를 고정할 핀 사용에 대해 이해하였는가?			
	가체종류에 따라 위치를 이해하고 적용하였는가?			
수행능력	가체가 뜨지 않고 두상에 맞게 잘 안착되었는가?			
수행결과	전체적인 작품의 구도가 잘 형성하였는가?			

6. 둘레머리 2

After

1. 앞 이마의 중심에서 탑 포인트까지 중간 가르마를 한다.
2. 전두부의 좌측 우측은 두상곡면을 따라서 각각 C커브로 빗질한다.
3. 탑 포인트 뒤의 모발은 뒤로 깨끗하게 빗질한다.
4. 전체 모발은 네이프에 고무줄로 묶어 준다.

5. 포니테일의 모발은 세 가닥 땋기하여 접어서 묶음 토대에 같이 묶어준다.

6. 가체를 네이프의 묶어둔 부분 밑으로 넣어서 양쪽 관자놀이 부분으로 돌려 고정한다.

7. 왼쪽과 오른쪽의 가체를 돌린 후 가체를 고정시킨다. 이때 U핀이나 비녀를 사용할 수 있다.
   7-4~7-9와 같이 가체를 본머리와 연결하여 고정 처리한다.

8. 액세서리를 디자인한 위치에 장식해 준다.

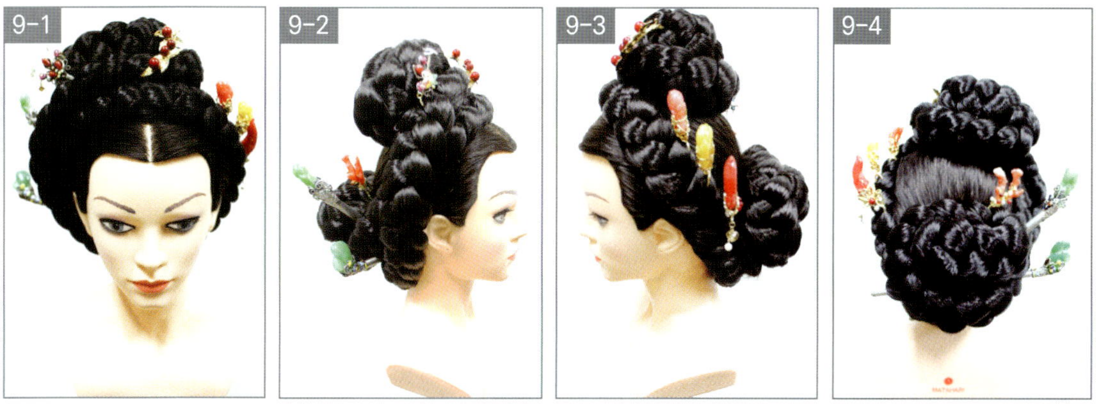

9. 완성작품

직무수행능력 평가

- 둘레머리 2를 완성해보자

이름		학번	
실 습 과 정			
※ 이곳에 실습과정 사진을 붙이세요.			
◎ 실습과정 중 어려웠던 점			
◎ 해결방안			

구분	평가내용	평가결과		
		상	중	하
사전준비	실습을 위한 사전 준비가 잘 되었는가?			
이해력	가체종류와 크기에 따라 위치를 이해하고 적용하였는가?			
	악세사리 사용방법을 이해하였는가?			
수행능력	가체가 뜨지 않고 두상에 맞게 잘 안착되었는가?			
수행결과	전체적인 작품의 구도가 잘 형성하였는가?			

7. 둘레머리 3

After

1. 앞 이마의 중심에서 탑 포인트까지 중간 가르마를 한다.
2. 전두부의 좌측 우측은 두상곡면을 따라서 각각 C커브로 빗질한다.
3. 탑 포인트 뒤의 모발은 뒤로 깨끗하게 빗질한다.
4. 전체 모발은 네이프에 고무줄로 묶어 준다.

5. 포니테일의 모발은 세 가닥 땋기하여 접어서 묶음 토대에 같이 묶어준다.
6. 가체를 네이프의 묶어둔 부분 밑으로 넣어서 양쪽 관자놀이 부분으로 돌려 고정한다.

7. 왼쪽과 오른쪽의 가체를 돌린 후 가체를 고정시킨다.

8. 액세서리를 디자인한 위치에 장식해 준다.

9. 완성작품

직무수행능력 평가

- 둘레머리 3을 완성해보자

이름		학번	
실 습 과 정			
※ 이곳에 실습과정 사진을 붙이세요.			
◎ 실습과정 중 어려웠던 점			
◎ 해결방안			

구분	평가내용	평가결과		
		상	중	하
사전준비	실습을 위한 사전 준비가 잘 되었는가?			
이해력	가체종류와 크기에 따라 위치를 이해하고 적용하였는가?			
	악세사리 사용방법을 이해하였는가?			
수행능력	가체가 뜨지 않고 두상에 맞게 잘 안착되었는가?			
수행결과	전체적인 작품의 구도가 잘 형성하였는가?			

8. 어여머리(어유미)

After

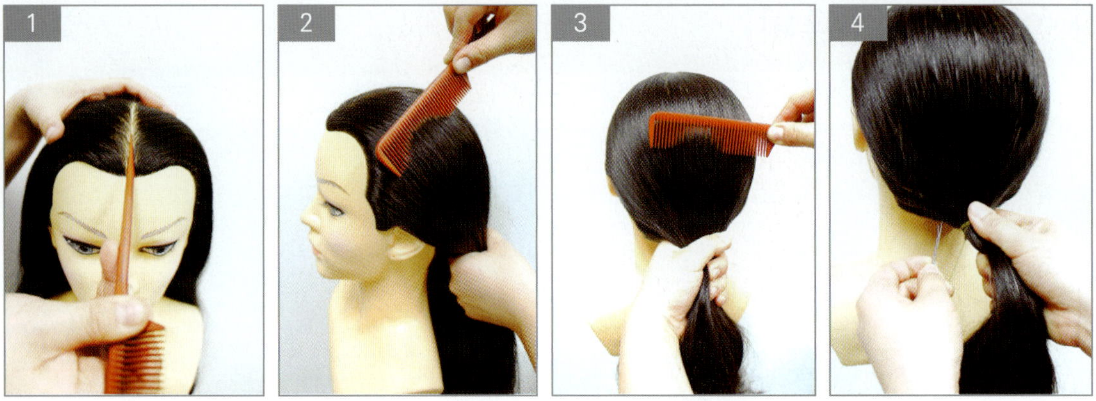

1. 앞 이마의 중심에서 탑 포인트까지 중간 가르마를 한다.
2. 전두부의 좌측 우측은 각각 두상곡면을 따라서 C커브로 빗질한다.
3. 탑 포인트 뒤의 모발은 뒤로 깨끗하게 빗질한다.
4. 전체 모발은 네이프에 고무줄로 묶어 준다.

5. 포니테일의 모발은 세 가닥 땋기하여 접어서 묶음 토대에 같이 묶어준다.

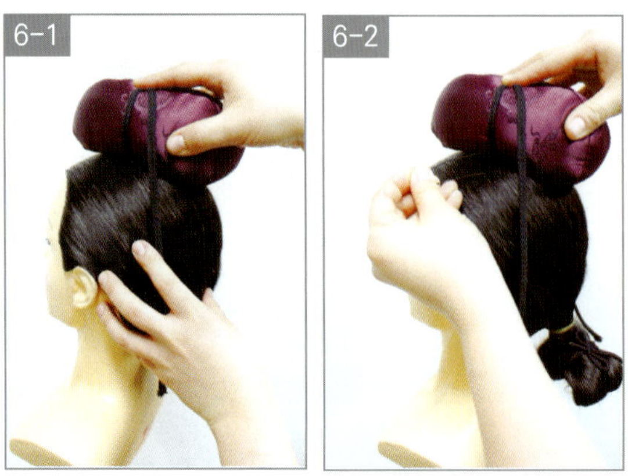

6. 앞가르마 탑포인트 부분에 어염족두리를 얹어 고정한다.

7. 가체를 어염족두리 위쪽으로 돌려 고정한 다음 가체와 본발에 댕기를 이용하여 감싸 묶어준다.

8. 첫 번째 가체보다 크기가 큰 가체를 위에 얹어 돌려 고정한다.

9. 뒷부분에 작은 가체를 붙여준다.

10. 전체적으로 U핀과 보비핀으로 고정시켜준다.
11. 떨잠으로 장식한다.

12. 완성작품

직무수행능력 평가

- 어여머리(어유미)를 완성해보자

<table>
<tr><td>이름</td><td></td><td>학번</td><td colspan="4"></td></tr>
<tr><td colspan="7">실 습 과 정</td></tr>
<tr><td colspan="7">※ 이곳에 실습과정 사진을 붙이세요.</td></tr>
<tr><td colspan="7">◎ 실습과정 중 어려웠던 점</td></tr>
<tr><td colspan="7">◎ 해결방안</td></tr>
<tr><td rowspan="2">구분</td><td rowspan="2" colspan="3">평가내용</td><td colspan="3">평가결과</td></tr>
<tr><td>상</td><td>중</td><td>하</td></tr>
<tr><td>사전준비</td><td colspan="3">실습을 위한 사전 준비가 잘 되었는가?</td><td></td><td></td><td></td></tr>
<tr><td rowspan="2">이해력</td><td colspan="3">가체종류와 크기에 따라 위치를 이해하고 적용하였는가?</td><td></td><td></td><td></td></tr>
<tr><td colspan="3">각각의 악세사리(어염족두리, 댕기 등) 사용방법을 이해하였는가?</td><td></td><td></td><td></td></tr>
<tr><td>수행능력</td><td colspan="3">가체가 뜨지 않고 두상에 맞게 잘 안착되었는가?</td><td></td><td></td><td></td></tr>
<tr><td>수행결과</td><td colspan="3">양쪽 좌우대칭이 형성되었는가?</td><td></td><td></td><td></td></tr>
</table>

9. 떠구지머리

After

1. 앞 이마의 중심에서 탑 포인트까지 중간 가르마를 한다.
2. 전두부의 좌측 우측은 두상곡면을 따라서 각각 C커브로 빗질한다.
3. 탑 포인트 뒤의 모발은 뒤로 깨끗하게 빗질한다.
4. 전체 모발은 네이프에 고무줄로 묶어 준다.

5. 포니테일의 모발은 세 가닥 땋기하여 접어서 묶음 토대에 같이 묶어준다.

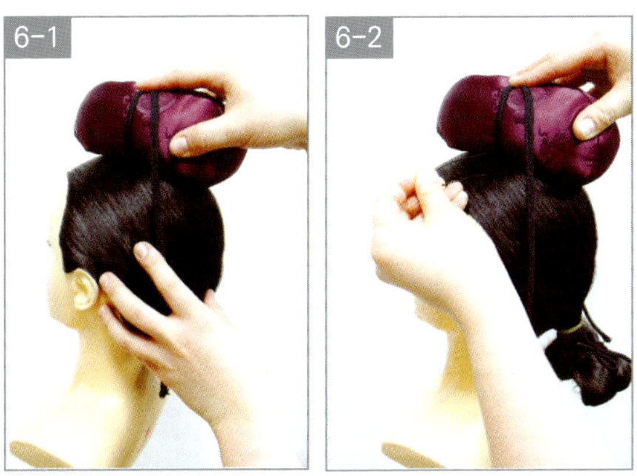

6. 앞가르마 탑포인트 부분에 어염족두리를 얹어 고정한다.

7. 가체를 어염족두리 위쪽으로 돌려 고정한 다음 가체와 본발에 댕기를 이용하여 감싸 묶어준다.

8. 첫 번째 가체보다 크기가 큰 가체를 위에 얹어 돌려 고정한다.

9. 뒷부분에 작은 가체를 붙여준다.

10

10. 전체적으로 U핀과 보비핀으로 고정시켜준다.

11-1

11-2

11-3

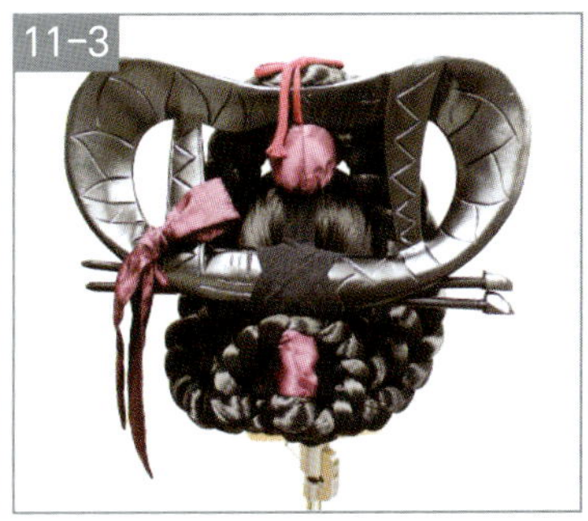

11. 완성된 어여머리(어유미)에 떠구지를 고정한다.

직무수행능력 평가

- 떠구지머리를 완성해보자

이름		학번	
실 습 과 정			
※ 이곳에 실습과정 사진을 붙이세요.			
◎ 실습과정 중 어려웠던 점			
◎ 해결방안			

구분	평가내용	평가결과		
		상	중	하
사전준비	실습을 위한 사전 준비가 잘 되었는가?			
이해력	가체종류와 크기에 따라 위치를 이해하고 적용하였는가?			
	각각의 악세사리(어염족두리, 떠구지 등) 사용방법을 이해하였는가?			
수행능력	가체가 뜨지 않고 두상에 맞게 잘 안착되었는가?			
수행결과	양쪽 좌우대칭이 형성되었는가?			

보충학습

용어정리

[ㄱ]

- **가이드라인(guide line) :** 헤어스타일을 만드는데 기준이 되는 머리의 길이.
- **각도(angle) :** line이 교차 될 때 만들어지는 천체축의 주요 각을 말한다. 0°, 45°, 90°이다.
- **강조(accent) :** 헤어디자인의 실루엣, 재질, 색채 중에서 어느 한 부분을 강조 하는 것.
- **개성(individuality) :** 각 사물 또는 각 개체가 지닌 특유한 성격.
- **계란형(ovoid figure) :** 타원형의 얼굴 형태로 가장 이상적인 얼굴의 형태이다.
- **골덴 포인트(golden point) :** 턱부터 귀 위를 지나는 연장선상과 정중선이 만나는 점을 말한다.
- **구형(spheroid) :** 두상의 곡면을 따라 넓이와 길이가 같게 볼륨감을 형성 시킨다.
- **금속성 브러쉬 (metal brush) :** 브러쉬 전체가 금속성인 알루미늄으로 되어있다.
- **꼬기(twist) :** 하나, 둘 혹은 세 가닥의 머리를 교차하거나 꼬아서 모양을 만들거나 다른 형태를 내는 방법.
- **꼬리빗(rat-tail comb) :** 끝이 쥐의 꼬리처럼 생겨서 꼬리빗이라 하는데, 주로 퍼머넌트 웨이브를 할 때, 슬라이스를 뜰때나 수염분장 할 때, 생사를 다듬거나 수염 형태를 잡을 때 사용한다.

[ㄴ]

- **내로우 웨이브(narrow wave) :** 릿지와 릿지사이가 좁아 웨이브의 파장이 많고 커브가 급한 웨이브로 곱슬곱슬한 스타일을 말한다.
- **노트(kote) :** 모발가닥을 엮어 묶은 매듭.
- **내츄럴 스트레이트(natural straight) :** 모발이 자연스럽고 바르게 내려오는 스타일.
- **네이프(nape) :** 후두부의 목덜미를 말한다.
- **네이프 라인(nape line) :** 목덜미 부분의 두발과 피부의 경계선으로 후두부에서 머리가 나기 시작한 곳의 선을 말한다.
- **네트(net) :** 헤어망.
- **노 파트(no part) :** 파트를 나누지 않고 두발방향이 자연스럽다
- **논 스템 컬(non stem curl) :** 스템이 없는 컬, 즉 컬에 있어서 두발 스트랜드 뿌리 부분의 가라앉는 부분이 없는 컬을 말한다.

[ㄷ]

- **다운 스타일(down style) :** 머리를 자연스럽게 내린 머리모양.
- **다운 스템(down stem) :** 스템은 줄기를 말한다. 컬의 경우, 베이스에서 컬이 말리기 시작한 곳까지.
- **다이애거널 웨이브(diagonal wave) :** 웨이브의 리지가 사선으로 비스듬히 만들어진 웨이브를 말한다.
- **대칭(symmetry) :** 균형적인 것.
- **대조(contrast) :** 두 개의 요서가 서로 대립하는 것.
- **덜 웨이브(dull wave) :** 덜은 활발하지 않은, 둔한, 침체되었다는 뜻, 굴곡이 확실하지 않은 웨이브.
- **디자인(design) :** 아름다운 형태를 지니도록 계획, 설계하는 일.
- **덴맨 브러시(denman brush) :** 많은 양을 드라이 할 때 쓰는 브러시

[ㄹ]

- **라운드 브러시(round brush) :** 둥근 모양의 브러시
- **라운드 사이드 파트(round side part) :** 곡선으로 나누었다는 뜻으로 파트된 선이 곡선으로 된 것을 말한다.
- **라이프 스타일(life style) :** 사람들의 생활양식.
- **레프트 사이드(left side) :** 왼쪽, 좌측부.
- **래트 테일 콤(rat-tail comb) :** 꼬리 빗. 모발을 나눌 때 사용한다.
- **로맨티시즘(romanticism) :** 낭만주의. 몽상적, 감상적, 주관적 정서를 즐기는 풍토.
- **롤러(roller) :** 머리 모양에 볼륨을 위해 사용하는 세트용 기구.
- **롱 스템 컬(long stem curl) :** 핀컬이나 롤러 컬, 퍼머넌트 컬, 아이롱 컬을 할 때 베이스에서 회전(loop 혹은 circle)이 시작되는 부분(피봇 포인트, p.p)이 길게 늘어져 있는 부분(두피 부분에 눕혀져 있는 모발의 뿌리 부분)의 긴 컬을 말한다.
- **리듬(rhythm) :** 운율, 박자.
- **리버스 컬(reverse curl) :** 리버스는 반대의, 역전이라는 뜻으로 플랫 컬에서는 포인드 컬과 반대방향의 컬을 말한다.
- **리세트(reset) :** 끝마무리나 콤아웃(comd out), 브러시 아웃 등의 끝마무리 작업.
- **리프트 컬(lift curl) :** 핀컬의 일종으로 45°로 유지하면 뿌리 부분이 살아 두발 끝쪽은 나풀거리면서 방향성을 띠는 핀컬로 사이드에서 많이 응용된다.
- **릿지(ridge) :** 봉오리라는 뜻으로 핑거 웨이브의 한 단과 단 사이의 일정한 선을 이루며 입체적으로 튀어나온 연장된 선으로

C컬(clockwise curl 시계 바늘이 도는 방향의 하프 컬 half curl)과 CC컬(counter clock-wise, 시계바늘이 도는 반대 방향의 하프 컬)이 교차되면서 생기는 연결선을 말한다.
- **루트(root)** : 머리의 뿌리를 말한다.

[ㅁ]
- **매치(match)** : 조화가 잘되어 있는 것.
- **메쉬(meche)(프랑스어)** : 모발의 묶음. 머리 타래
- **모근(hair root)** : 두피의 표피 아래에 있는 모낭 안에 있는 모발 부분으로 모근을 감싸고 있는 단단한 막을 말한다.
- **모던(modern)** : 현대적인, 근대적인.
- **모드(mode)** : 방법, 형식, 양식, 유행.

[ㅂ]
- **버티컬(vertical)** : 세로.
- **바이어스(bias)** : 사선, 비스듬한.
- **반복(repetition)** : 여러번 거듭하는 것
- **백(back)** : 두상의 뒷부분.
- **백콤(back comb)** : 볼륨을 주고자 모발을 들어서 모근쪽으로 밀어 넣는 동작.
- **밴딩(banding)** : 고무줄이나 끈으로 묶어 고정하는 것.
- **밸랜스(balance)** : 균형, 디자인 요소들의 평형관계.
- **뱅(bang)** : 이마를 덮도록 가지런히 자른 앞머리.
- **버티컬 웨이브(vertical wave)** : 섹션과 브러시의 위치를 수직으로 하여 시술시 웨이브 리지가 수직이 되는 것. .
- **베이스(base)** : 기초가 되는 것.
- **볼륨(volume)** : 공간을 나타내는 부피.
- **브러싱(brushing)** : 브러싱(brushing): 브러시를 사용하여 모발을 빗는 것.
- **브레이드(braid)** : 모발을 여러 가닥으로 땋는 것.
- **블로킹(blocking)** : 블로킹(blocking): 컷이나 세트 또는 와인딩, 업스타일 등을 하기 쉽게 두부를 구분하는 것.

[ㅅ]
- **사이드(side)** : 양측두부.
- **사이드 파트(side part)** : 옆 가르마로서 4:6 또는 3:7 등의 비율로 나눈다.
- **선(line)** : 연장된 점들의 집합.
- **세트(set)** : 모발을 정리하는 것. 본래의 의미는 '특정한 위치나 상태로 둔다'라는 뜻.
- **섹션(section)** : 부분, 구면, 칸막이 등의 의미로 블로킹으로 구분한 부분 또는 더 작게 나눈 부분을 말한다.
- **센터 백 파트(center back part)** : 두정부에서 뒤 네이프까지의 전체를 중앙으로 나누는 것.
- **센터 라인(center line)** : 코의 중심을 시작으로 두상을 좌우로 나누는 선.
- **센터파트(center part)** : 머리를 이마에서 정중선으로 나눈 것.
- **스켈톤 브러쉬(skelton brush)** : 헤어스타일에 모근을 자연스럽게 세우고자 할 경우 사용.
- **스타일(style)** : 헤어나 패션이 시대와 지역에 따라 유행하는 특정한 양식
- **스타일링 브러쉬(styling brush)** : 헤어스타일을 최종적으로 정리할 때 사용하는 브러시
- **스텐드 업 컬(stand up curl)** : 컬이 베이스의 정상에 위치하여 두피에 서있는 컬.
- **스템(stem)** : 베이스에서 핀컬이 시작되는 모든 부분부터 고리 형태의 시작 부분인 스타일의 기둥 부분으로 컬이나 웨이브의 뿌리 부분에 해당되며 볼륨의 정도에 따라 롱(long)스템, 하프(half)스템, 노(no)스템 등으로 나뉜다.
- **스트랜드(strand)** : 머리단, 한 다발의 머리카락, 요소, 성분 또는 가닥으로 가른 두발 또는 한 단위를 형성하는 두발을 말한다.
- **시뇽(chignon)** : 모발을 틀어 올리거나, 묶어나 롤로 말아 묶은 것.
- **시메트리(symmetry)** : 좌우가 대조적으로 균형이 맞는 것, 좌우대칭.
- **실루엣(silhouette)** : 윤곽선, 라인과 같은 뜻으로 쓰임.
- **C컬** : 웨이브 모양 중에 S자 컬의 1/2인 C자 형태의 웨이브.
- **S자 웨이브** : C컬과 반대 C컬이 합쳐진 모양의 웨이브.

[ㅇ]
- **액티베이티드(activated)** : 커트한 모발 끝이 보이는 것.
- **아우트라인(out line)** : 헤어스타일의 실루엣(silhouette). 윤곽, 외곽선, 외형, 헤어스타일의 아우트라인은 스타일 연출상 가장 중요한 외형을 나타낸다.

- **안마름(in curl) :** 두발이 안쪽으로 C자형.
- **액세서리(accessory) :** 완성된 헤어스타일에 장신구, 부속품등을 사용하는 것.
- **앵글(angle) :** 각도.
- **어시메트리(asymmetry) :** 균형이 맞지 않는 불균형을 비대칭이라 한다.
- **언더 브레이드(under braid) :** 바깥 가닥을 가운데 가닥의 아래로 교차시키면서 땋는 방식=아래 땋기.
- **언밸런스(unbalance) :** 균형이 잡히지 않은 불균형.
- **업스타일(upstyle) :** 올림머리, 얹은머리.
- **앤드 오브 컬(end of curl) :** 컬 상태로 만들어진 모발의 선단 부분, 컬의 끝부분.
- **앤드 플루프(end fluff) :** 모발의 끝에 율동감을 주는 것.
- **에스자형 브러쉬(sigmoidal brush) :** 둥근 부분을 브러싱 하기가 용이함.
- **엘레강스(elegance) :** 우아하고 고상한.
- **오버랩(overlap) :** 겹치다.
- **오프 더 페이스(off the face) :** 얼굴로부터 떨어져서라는 말로, 얼굴을 가리지 않는다는 의미. 미용용어에서는 머리를 뒤로 넘겨서 이마를 확실하게 드러내는 헤어스타일을 말한다.
- **온 더 베이스(on the base) :** 섹션의 중심이 90°가 되는 것. 블로우 드라이시 큰 볼륨을 만들 수 있다.
- **와인딩(winding) :** 모발을 로드에 마는 기법, 랩핑(wrapping)이라고도 한다.
- **원(circle) :** 기하학적인 닫힌곡선 모양으로 원주로 둘러싸여 있으며 중앙의 시작점에서 직경이 일정하다.
- **원랭스 커트(one length cut) :** 모발의 커트선이 층이 없이 동일선상에 있는 것.
- **원 롤(one roll) :** 모발을 하나로 크게 말린 형.
- **위그(wig) :** 가발.
- **위로 땋기(over braid) :** 바깥 가닥을 가운데 가닥 위로 교차시켜서 도드라지게 하는 것.
- **유형(type) :** 타입.
- **이미지(image) :** 인상, 매체상의 형성 또는 기억된 것.
- **이미지 라인(image line) :** 얼굴, 턱, 두부의 형으로부터 전체 실루엣을 정해 헤어디자인을 위해 만드는 라인.
- **이어 투 이어 라인(ear to ear line) :** 이어 포인트(ear point, E.P.)에서 이어 포인트(E.P.)로 연결한 선으로 측중선이라고도 한다.
- **이어 투 이어 파트(ear to ear part) :** 이어 포인트(ear point, E.P.)에서 이어 포인트(E.P.)로 연결한 선으로 모발을 나누는 것.

[ㅈ]

- **조형 :** 미적 요소 전반에 걸쳐 형태를 만드는 것.
- **조형예술 :** 조형을 통해 아름다움을 표현하는 예술.
- **조화(harmony) :** 한 가지 혹은 여러 가지의 단위들의 어울리는 것.
- **진행(progression) :** 어떤 요소가 비례에 따라 점진적으로 커지거나 작아지는 변화.
- **질감(texture) :** 물질 표면의 매끈함, 또는 거칠음 등 재질의 촉각적, 시각적 느낌.
- **장구형(prolate) :** 톱 부분 보다 아래 부분에 볼륨감을 형성 시킨다.

[ㅊ]

- **창작(creation) :** 독창적으로 새로운 것을 만들어 내거나 발견하는 능력.
- **창조적인(creative) ;** 창의적인.
- **축(axis) :** 어떤 물체의 주위를 회전하는 가상의 수직선.

[ㅋ]

- **카울릭 파트(cowlic part) :** 가르마 타는 방법의 하나로 이마 위에 흐트러진 머리칼
- **컨백스(convex) :** 바깥쪽으로 휘어진 모양.
- **컨케이브(concave) :** 안쪽으로 움푹 들어갔다는 의미,
- **컨트롤(control) :** 조정, 조절, 통제.
- **컨셉(concept) :** 디자인을 위한 구성, 즉 계획과 전개를 포함한 구상.
- **컬(curl) :** 웨이브를 만드는 것.
- **코로넷(coronet) :** 부인용 머리장식으로 금이나 보석, 꽃 등으로 만들어진 것.
- **코밍(combing) :** 코움(빗)을 이용해서 모발을 가지런하게 빗는 것.
- **코이퓨어(coiffeur) :** 헤어스타일에 생화, 조화 또는 생화와 조화를 엮어 장식.
- **콤(comb) :** 빗.

- **콤 아웃(comb out) :** 마무리 하는 것.
- **크라운(crown) :** 두정부, 정수리.
- **크레스트(crest) :** 웨이브의 가장 높은 정상.
- **크로스 피닝(cross pinning) :** 헤어 핀을 십자로 교차시켜 꽂는 것.
- **클립류(clips) :** 각 섹션의 모발을 고정시키는 역할.
- **쿠션 브러쉬(cushion brush) :** 몸통 자체가 탄력 있는 고무판으로 되어 있다.

[ㅌ]

- **타원(oval) :** 평면위의 두 정점으로부터 거리의 합이 일정한 점의 집합으로 만들어지는 곡선.
- **테크니컬(technical) :** 기술적인, 전문적인.
- **텐션(tention) :** 긴장, 신장, (탄력체의) 장력, 응력, 팽창력, 잡아당기는 힘에 의해 생기는 장력, 늘어나는 힘이나 늘어나고 있는 상태, 즉 와인딩할 때 두발을 잡아당기는 힘.
- **톱(top) :** 정상.
- **통일(unity) :** 많은 것을 하나의 규격으로 정리.
- **트라이앵귤러 베이스(triangular base) :** 삼각 베이스.
- **트랜드(trend) :** 방향, 경향.
- **트리밍(trimming) :** 손질하는 것.
- **트위스트(twist) :** 꼬다. 비틀다.

[ㅍ]

- **편구형(oblate) :** 길이보다 너비에 볼륨감을 확장시킨다.
- **패널(panel) :** 가는 판상으로 나눈 머리 묶음.
- **패턴(pattern) :** 형, 유형.
- **퍼룸(forum) :** 소재, 질감, 양감, 움직임 등을 가미해서 만들어진 형.
- **페이스(face) :** 얼굴라인.
- **포니테일(pony tail) :** 모다발을 말의 꼬리와 같이 내려진 머리형.
- **포워드(forward) :** '전방을 향해, 얼굴을 향하여'라는 뜻으로 스타일을 구심적으로 구하고 싶을 때라든지 슬라이스를 뜰 때 등에 사용한다.
- **폼(form) :** 형, 형태.
- **퐁파두르(Pompadour) :** 이마 선으로부터 앞머리 전체를 높게 올린 스타일.
- **플랫 컬(flat curl) :** 두피에 컬이 편평하게 붙어 있는 것.
- **프로세스(process) :** 과정, 순서.
- **프런트(front) :** 전두부.
- **프린지(fringe) :** 이마를 부분적으로 또는 완전히 덮은 스타일.
- **피봇포인트(povot point) :** 컬의 기점, 회전하는 포인트, 피봇은 선회축,
- **핀컬(pin curl) :** 세팅로션과 무스 등을 발라 빗과 핀을 이용하여 평면적인 컬을 연출할 때 사용.

[ㅎ]

- **하모니(harmony) :** 조화, 화합.
- **헤어라인(hair line) :** 머리가 나는 부분으로 프론트 라인(이마에 난 부분), 사이드 라인, 오프라인(목덜미에 난 부분) 등의 명칭이 있다.
- **헤어 넷(hair net) :** 머리의 흐트러짐을 방지하는 망.
- **헤어 세팅(hair setting) :** 머리카락의 특정한 위치에 있는 상태.
- **헤어 피스(hair piece) :** 머리의 일부분에 붙이는 가발.
- **형태(form) :** 통일된 부분이나 요소로 나눌수 없는 디자인의 외형.
- **호리존틀 웨이브(horizontal wave) :** 섹션과 브러시의 위치가 수평으로 되어 리지가 사선이 되는 것.
- **히피 스타일(Hippie style) :** 히피는 기성세대의 제도나 관습에 부정적인 젊은이들의 집합을 말함. 1960년대 후반, 미국에서 일어남, 장발에 비전통적 복장, 반문명적인 행동이 특징.

찾아보기

INDEX

참고문헌

- 고경숙, 윤복연(2009) 업스타일 디자인, 청구문화사.
- 권세화(2005) 모발세정제에 따른 염색모발의 착색 유지 및 손상, 광주여자대학교 석사학위논문, pp 25-26.
- 김민선(2006) 고구려 머리모양과 관모에 관한 연구, 건국대학교 대학원 석사학위논문.
- 김민정 08 헤어스타일 연출. 교육부.
- 김인혜(2004) 기초디자인 : 점/선/면, 미진사.
- 김진숙, 손진아(2016) 실용업스타일, 청구문화사, 서울.
- 나혜주(2015) 성인남성의 외모관리 행동에 관한 연구, 창원대학교, 석사학위논문.
- 믿음을 주는 경제신문 2016년 4월 4일
- 로나버그(2007) 뉴욕 뷰티 에디터가 공개하는 뷰티시크릿 화장의 기술, 넥서스BOOKS, p.11.
- 류은주(2003) 모발미학사, 이화출판사.
- 손미경(2004) 한국여인의 발자취, 서울: 미디어뷰.
- 손복심(2007) 우리나라 업스타일의 변천과정과 재현에 관한 연구, 광주여자대학교 석사학위논문.
- 이영미(2004) 한국남성 헤어스타일 변천에 관한 연구 : 단발령 이후를 중심으로, 동덕여자대학교, 석사학위논문, pp71-72.
- 이숙자 외(2007) 업스타일 총론, 청구문화사.
- 주용영(2011) 모발 염색시 전처리제의 사용 실태와염색 지속성에 관한 연구, 한서대학교 박사학위논문.
- 정양진, 성희원(2007) 화장하는 남자가 시장을 바꾼다, 삼성 경제연구소, p.60.
- 전선정 외(2004) 미용미학과 미용문화사, 청구문화사.
- 정매자 외(2008) 우리나라 옛여인의 머리치장, 청구문화사.
- 한성진, 맹유진, 신임숙, 임수빈, 송다나, 임선희, 김귀옥, 오드리(2013). 업스타일 2급 자격검정시험 및 교재, 서울, 네임북스.
- 한성진, 맹유진, 신임순, 임수빈, 송다나, 임선희, 김귀옥(2013) 업스타일 3급 업스타일자격 검정시험, 한국업스타일전문가협회(KUPA), 서울, 네임북스.
- 한국업스타일전문가 협회, 서울, 네임북스.
- Pivot Point International(2001) 롱헤어디자인 포럼.
- Pivot Point International(2000) 롱헤어디자인.
- Rassman WR, Pak JP, Kim J, Estrin NF(2015) A Concealer for Hair and Scalp Deformities, J Clin Aesthet Dermatol, 8(3): 35-42.
- http://blog.naver.com/PostView.nhn?blogId=ehddnrrhkwk&logNo=220669072610&categoryNo=55&parentCategoryNo=0&viewDate=&currentPage=1&postListTopCurrentPage=1&from=search
- http://blog.daum.net/joyhaha/17353508
- http://www.asiatoday.co.kr/view.php?key=20160918010008485

저자소개

고경숙 원광대학교 뷰티디자인학부 교수 미용장, 이용장
윤복연 동서울대학교 뷰티코디네이션과 부교수 미용장
전현진 호남대학교 뷰티미용학과 조교수 미용장
강정희 원광보건대학교 미용피부화장품과 겸임교수 미용장, 이용장, 익산시·미용 명장
강은지 동서울대학교 뷰티코디네이션과 겸임교수 가위손 미용실원장
김미연 리챠드 프로헤어 디자이너
반효정 리챠드 프로헤어 디자이너
정지영 원광대학교 뷰티디자인학부 외래교수 리챠드프로헤어 디자이너

NCS Basic & Creative Up-Style

2018년 7월 20일 초판 인쇄
2018년 7월 30일 초판 발행

지은이 : 고경숙, 윤복연, 전현진, 강정희, 강은지, 김미연, 반효정, 정지영
펴낸이 : 이상태
펴낸곳 : 청구문화사
주 소 : (03706)서울특별시 서대문구 성산로11길 15
전 화 : 02-332-0541(代) FAX : 02-337-9577
등 록 : 1990년 11월 2일 제9-247호

가격 35,000원

ISBN 978-89-5616-780-0 93590